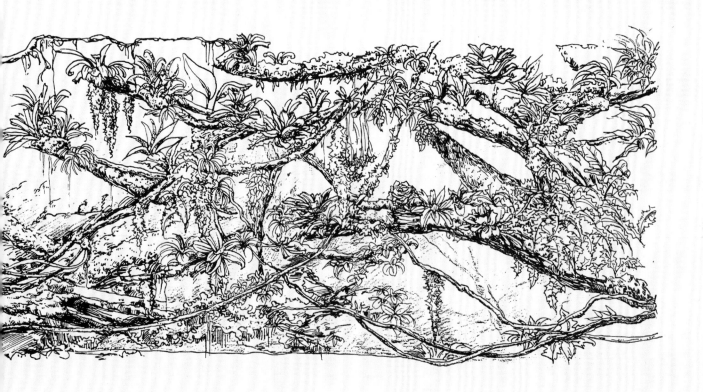

王超

知名自然造景艺术设计师。多年来积累了丰富的设计经验，并融入个人艺术观点，形成独立的艺术设计风格，受到国内外广大水草造景爱好者喜爱。多次参加各大造景设计赛事并取得骄人的成绩。

日本ADA造景大赛金奖
美国AGA造景大赛全场总冠军，全场最佳创意大奖
日本石组比赛冠军
休闲渔业协会造景艺术分会会长
出版有《水草造景艺术：从入门到精通》
北京海洋馆景观设计师
中国水族箱造景大赛评委
印度尼西亚造景大赛评委

《尚技》《平凡匠心》纪录片嘉宾；日本杂志Aquajournal，中国水天堂及香港蕙景堂曾为其作个人专访。其自然景观作品设计广受赞许

感谢欧鹏、孙凯、LC Chan、陈波、安琪、庄易、莫属、普蓝、杨远志、裴聪、王钰超、王颖、Daisy、一笑、刘谦、赵锐、孙家辉、刘斯宁为本书提供部分图片

THE BREATHING ART

热带雨林景观设计

会呼吸的艺术

王 超 著

中国农业出版社
CHINA AGRICULTURE PRESS
北京

图书在版编目（CIP）数据

热带雨林景观设计：会呼吸的艺术 / 王超著. —
北京：中国农业出版社，2021.1（2024.8重印）
ISBN 978-7-109-27041-1

Ⅰ. ①热… Ⅱ. ①王… Ⅲ. ①热带雨林－景观设计
Ⅳ. ①TU983

中国版本图书馆CIP数据核字（2020）第119449号

热带雨林景观设计：会呼吸的艺术
REDAI YULIN JINGGUAN SHEJI: HUI HUXI DE YISHU

————————————————————————

中国农业出版社出版
地址：北京市朝阳区麦子店街18号楼
邮编：100125
策划编辑：黄　曦
责任编辑：黄　曦
责任校对：吴丽婷
版式设计：水长流文化
印刷：鸿博昊天科技有限公司
版次：2021年1月第1版
印次：2024年8月北京第2次印刷
发行：新华书店北京发行所
开本：889mm×1194mm　1/16
印张：19.75
字数：400千字
定价：118.00元

————————————————————————

植物美学
PLANT AESTHETICS

每个人心中都有一片大自然。大自然，一个令人敬畏、充满神秘感的"存在"，它是我们人类及自然万物赖以生存的基础。热带雨林——大自然中的神秘区域、全球最大的生物基因库，是地球上抵抗力及稳定性最高的生物群落，世界上一半以上的动植物物种都能在此找到。

设计、植物这两个元素，在植物景观设计里，我们要把它们融合在一起。设计是有语言的，植物也是有语言的，我们可以用这两种语言创造一个充满想象力的大自然。

在大自然面前，我们必须要有一种谦逊的态度。我们在对植物进行研究的时候，可以感觉到植物其实非常有智慧，它们是可以和人类进行沟通的。我们熟知的《本草纲目》这部伟大的著作，一定是中国先人通过和植物大量的沟通才写出来的。热爱大自然，热爱动植物，怀着一颗感恩的心去设计自己的热带雨林景观作品，这是一种很好的创作态度。

人们普遍认为，这个世界上，人类是最有智慧的，人有思维能力，这让我们与众不同。其实世界上很多生物都有发达的神经系统。有专家认为，植物也一样，植物也会"思考"，而且植物的神经系统要比人类的发达得多，达尔文第一个认识到，植物的神经系统就是它们的根系，但这个观点还没有被人们普遍接受。

植物是有记忆的，甚至它们还可以预知未来的气候变化，以此来改变自身，以适应这种气候和环境，让自己生存下来，比如植物的拟态，它们能随环境的变化而发生形态变化。它们可以为了获得更多的养分改变自己的生活方式，冬季落叶，春

天发芽，寄生、共生、附生等，这些都是它们适应自然的表现。植物的神经系统非常发达，其庞大的根系可以让它感知周围的生物，为了生存，它们可以互相依存，形成植物群落。

在热带雨林中，一些树有60多米高，它们的树冠横向扩展很大的范围，从飞机上看下去，树冠与树冠之间似乎呈现出从不间断的样子。然而，不管树枝有多浓密，它们的树冠之间却不会发生碰触。它们之间会隔开一定的距离，这样的现象被称为"树冠羞避"。这些树的树冠为什么相互不接触，这仍是个谜。植物真是太有趣了。

热带雨林景观设计是一种拟生态的景观设计，需要模仿特殊的地理气候环境，才可以让这些奇特的热带雨林植物在景观中生存、生长。热带雨林景观更像是一种"会呼吸的艺术"。它不仅是模仿热带雨林中的分层现象、附生现象、绞杀现象等，更是一种艺术创作，运用我们的艺术理论、艺术观点进行的一项特殊的艺术创作。这种特殊的艺术创作不能脱离植物本身特性，不能为了艺术而艺术，为了植物而植物，两者需要完美地结合，这就需要了解艺术和植物两方面的知识。如何结合，更确切地说，两者怎么融合在一起，这是本书重点阐述的内容。

艺术无定式，但大自然是有规律的，在热带雨林景观设计中，笔者总结出了三种设计方式：

① 按照地理位置设计热带雨林景观。如南美洲热带雨林景观、非洲热带雨林景观、东南亚热带雨林景观等。

② 按照气候特征设计热带雨林景观。如热带季风雨林景

观、赤道低地雨林景观、高海拔的云雾林雨林景观等。

③ 按照热带雨林分层方式设计雨林景观。露生层和树冠层处于雨林的高层空间，是很难在狭小的缸体中表现的，我们设计的大多是林下层、灌木层、地被层。

热带植物本身的颜色、形态已经很美很吸引人，我们如何让这些植物美上加美？这非常考验我们的艺术创作能力。大自然是学不完的，我们要怀着敬畏之心去体会，并运用在我们的艺术创作中，才可以设计出更自然的作品，而不是简单地插花式模拟雨林，或单纯地做个植物缸。植物、艺术，这两个主题，在这里我们要融为一体地来诠释这项特殊的艺术。

我们需要观察自然，并不仅仅用眼睛观察，而是用心体会，去思考大自然给自己带来什么。可以把自己喜欢的场景、植物用相机或者绘画的手段记录下来。这时候我们需要思考，想象一下我们从大自然中得到的知识如何运用到自己的设计作品中。是展现一个写实的宏观场景还是刻画一个生境群落？用什么样的手法创作，用什么样的构图让自己的作品更合理地艺术化？然后才涉及选取素材。在制作中会遇到各种各样的困难，和预期可能会不一样，进入了一个瓶颈期，笔者认为这个才是造景最有乐趣的地方，这就是"黎明前的黑暗"吧。然后我们再回过头评估之前我们设定好的作品构图和内容，从中找出优点和缺点，进行再次创作。在这之前，脑子里一定要时刻想着我们的植物需要附着的位置，给它们留出合理的生长空间。最终的一个场景其实已经刻在我们脑子里面了。当我们把最终的雨林作品和最初想象的作品进行对比，往往最后制作的作品还要优于最早想象的作品。因为这个三维空间和活生生的植物按照自己的构图立体地呈现出来的时候，那种自然感和艺术感生动又具体，俨然已经超越了所有……

热带雨林景观的设计可以从宏观角度进行场景化，也可以从微观角度刻画一个生态群落。场景化热带雨林，就是在自己狭小的空间里用艺术手段模仿出大自然中真实的热带雨林的一部分。当然，相对于场景雨林，真实的热带雨林植物造型相对要大，但我们可以通过比拟、夸张、透视等艺术表现力把植物设计在一个缸体里，呈现出一个"大的更大，小的更小"的拟态的大自然，这种场景化雨林不仅考验设计者对热带植物的认知，更考验设计者的设计水平，"欺骗"别人的眼睛，让人们看到作品就仿佛身处真实的大自然而得到共鸣，这样的作品才是成功的。而这种场景化的雨林并不是简单复制，而是在缸体空间有限的前提下，运用合理的植物和构图加上作者的"艺术再加工"能力，创造出一个艺术性的热带雨林景观设计作品。

大自然是神秘的。不管是美洲的云雾林、东南亚热带雨林还是非洲热带雨林，都有当地特殊的气候和特殊的植被特征。这些植物往往呈现出一个竞争和共生关系，在一棵枯树上附生着几种甚至十几种不同种属的植物，它们生长在一起，有一种自然美。不同地域的植物有些可以在一个作品中呈现，因为它们会有适应相同环境的能力。热带雨林景观设计作品运用合理构图来表现植物的群生关系往往能更好地模拟大自然，一组礁石、一棵树木，可以用微观的手段进行刻画，这也是我们所说的微雨林的概念。把热带雨林中某个局部的微观场景的特点呈现在自己的作品中，把热带植物用巧妙的手法呈现出来，会让观者有种置身雨林的神秘感，这是另一种设计热带雨林景观的手法。

这两种设计方式都可以表达热带雨林的特征和艺术感。宏观的场景化考验作者对空间的设计把控能力和对自然的理解力；微观的手法则需要用植物表达作者见微知著的特殊设计，这两种设计方法也可以融为一体来表现一个复杂多变又极具感染力的作品。

热带雨林景观的一个特点是物种的多样性。大叶片的天南星植物、神秘的食虫植物、颜色夸张的积水凤梨、玄幻的秋海棠、细腻柔软的苔藓等，相当多的珍稀植物共生在一个空间，更体现设计师的审美能力和对植物的了解程度。长时间的合理化养殖，最终呈现的有时间感、值得推敲的作品才是一个成功的热带雨林景观设计。随着时间的沉淀，让所有植物在一个空间达到一个生长的高峰值，而这个峰值正是自己最初想要的景色，这是设计师追求的目标。而这个峰值维持的时间越久，才越是禁得起推敲的热带雨林景观设计作品。

这本以热带雨林为造景设计灵感的书，除了给大家展示造景艺术的魅力之外，其实也在展示着大自然的魅力，展示着热带雨林原始的魅力。

在领略了热带雨林的神奇之后，您会更深刻地理解什么是热带雨林景观设计，并爱上这种"会呼吸的艺术"。

目录
Contents

03

三

微雨林制作原则与实操

The Principles and
Practices of Vivarium

一 热带雨林与热带雨林景观

1. 动植物的快乐家园：热带雨林

热带雨林是地球上一种常见于赤道附近热带地区的森林生态系统，长年气候炎热，雨量充沛，季节差异极不明显，生物群落演替速度极快。雨林地区的地形复杂多样，从散布岩石小山的低地平原，到溪流纵横的高原峡谷。地貌造就了形态万千的雨林景观。在森林中，静静的池水、奔腾的小溪、飞泻的瀑布到处都是；参天的大树、缠绕的藤萝、繁茂的花草交织成一座座绿色迷宫。主要分布于东南亚、澳大利亚北部、南美洲亚马孙河流域、非洲刚果河流域、中美洲和众多太平洋岛屿。

热带雨林无疑是地球赐予人类最为宝贵的资源之一。由于有超过25%的现代药物是由热带雨林植物所提炼的，所以热带雨林被称为"世界上最大的药房"。另外，还需要特别提到的是，雨林植物净化空气的能力特别强大，亚马孙热带雨林产生的氧气量非常大，故其有"地球之肺"的美誉。

大多数的热带雨林主要分布在四个生物地理界：热带界（非洲大陆及马达加斯加和一些散岛）、大洋洲洲界（澳大利亚及新几内亚和太平洋群岛）、印度马来亚界（印度、斯里兰卡及我国南部，东南亚、大洋洲）、新热带界（南美洲亚马孙流域、中美洲和加勒比群岛）。

世界三大热带雨林主要分布在南美洲、亚洲和非洲的丛林地区，中国的热带雨林主要分布在台湾省南部、海南省及云南省的西双版纳等地。大多数热带雨林位于北纬23°26′~南纬23°26′（即南回归线和北回归线之间）的地区。热带雨林近地面通常就有3~5层的植被，上面还有高达50~80米的树木像帐篷一样遮盖着。下面几层植被的密度取决于阳光穿透上层树木的程度，照进来的阳光越多，植被密度就越大。

世界三大热带雨林（美洲雨林群系 非洲雨林群系 印度马来雨林群系）

印度马来雨林群系，此群系包括亚洲和大洋洲所有的热带雨林。由于大洋洲的雨林面积较小，而东南亚却有大面积的雨林，因此，印度马来雨林群系又可称为亚洲的雨林群系。

亚洲雨林群系中的亚洲部分主要分布在菲律宾群岛、马来半岛、中南半岛的东西两岸，恒河和布拉马普特拉河下游，斯里兰卡南部以及我国的南部等地。

非洲雨林群系的面积不大，主要分布在刚果盆地。在赤道以南分布在马达加斯加岛的东岸及其他岛屿。非洲雨林的植物种类较贫乏，但有大量的特有种。

南美亚马孙雨林，该群系面积最大，以亚马孙河为中心，向西扩展到安达斯山的低麓，向东止于圭亚那，向南达玻利维亚和巴拉圭，向北则到墨西哥南部及安的列斯群岛。这里藤本植物和附生植物特别多，凤梨科、天南星科和棕榈科植物也十分丰富。有"动植物王国"美称。

虽然热带雨林只占地球陆地面积约7%，但是地球上一千多万种动植物，有一半以上生长在这里，这里体现了物种的多样性，成为物种生存最重要的环境。不仅如此，热带雨林还通过吸收二氧化碳释放氧气的方式净化空气；分布在热带雨林内部及周边大片水域通过季风形成积雨云，使气候湿润凉爽。而热带雨林对于人类来说同样重要，一些食物、药物以及生活用品的原材料都来自热带雨林。

植物吸收大量的二氧化碳，不但能把太阳能转化成各种各样的有机物，而且还能通过光合作用排出大量的氧气，维系了大气中二氧化碳和氧气的平衡，净化了环境，使人类不断地获得新鲜空气。拥有大量植物的热带雨林，是当之无愧的"地球氧吧"。

大多数人想象中的热带雨林是这样的：闷热潮湿，物种丰富。其实热带雨林可以分为赤道常绿热带雨林、热带山地云雾林、热带季风雨林，它们并不都是一个样的。大家最熟悉的是赤道常绿热带雨林。

赤道常绿雨林每年4—10月太阳直射赤道，11月到第二年的3月经常会有持续性大雨，河流湍急，水位上涨，水体浑浊，经常有泥石流发生。在雨季，赤道常绿雨林是十分危险的。

赤道常绿雨林、热带季风雨林、热带山地云雾林，这几种热带雨林各自有不一样的气候条件和地貌特征，植物分类也极其不同。

热带雨林的年降水量可达10 000毫米，其中只有一小部分雨水滴落下来，缓缓渗入土壤或流入河流，大部分雨水则以水蒸气形式从植物叶片蒸发到大气中。

植物在光合作用中，将二氧化碳和水转化为自身需要的食物或者糖类，这个过程产生的植物不需要的氧气被释放到大气中。

赤道常绿热带雨林

赤道常绿热带雨林常年降雨，附生特点明显，往往是一棵大树上有很多茂密的附生植物。这些大叶子植物把太阳光遮挡得严严实实，所以当我们进入热带雨林时，那里往往不是我们想象中的那般炎热，相反，晚间可称得上凉爽。

热带山地云雾林

由于某些热带地区山地环境的特殊性，热带雨林经常在早上云雾缭绕，这类雨林被称为热带山地云雾林。这里的湿度可达到90%以上，更适合喜湿植物和苔藓的生长。石灰岩质地的森林很容易积聚水汽，正是由于有充足的湿度，这里的一些岩生植物得以在石缝间生存，而不用生长在肥沃土壤中。

热带季风雨林

赤道高气压带和副热带低气压带交替控制影响，形成了热带季风气候。热带季风雨林旱雨季明显，降水集中在雨季，且降水量大，春秋冬三季平均月降水量在100毫米以下，6—9月降水量大，全年气温为16～35℃。我国的西双版纳以及泰国的雨林均为热带季风雨林。

2. 把雨林带回家：热带雨林景观

热带雨林景观是依照热带雨林气候地貌特征，运用热带雨林的动植物素材营造的艺术设计景观。

对于造景，我们大多数人都是知其然，而不知其所以然，都是怎么好看怎么顺眼怎么来，要真正做好热带雨林景观设计，就要从美学的角度对热带植物造景进行深层次的解析。

在植物造景领域，水草缸、水陆缸、雨林缸三种不同类型分别表现了大自然植被的不同方位。水草缸主要是表现水下的植物状态，水陆缸设计的景观包括了水区和陆区的植物特征，而雨林缸不仅可以包含水草缸和水陆缸的部分，而且还会有热带雨林里独有的特性，算是一种综合景观。以热带雨林的层次来划分，热带雨林景观可以涉及除露生层以外的所有自然环境植物。

水陆景观是水草景观在岸上的延续，是河岸，是堤坝，是湿地的风景；热带雨林则不同，热带雨林景观，古老、神秘，既高贵、美丽又步步惊心，充满生机，令人向往，每次在热带雨林里徜徉，都让我们身上流淌的血液为之沸腾。

热带雨林是地球上物种最丰富也是竞争最激烈的地方，每棵植物都要拼命表现自己的存在，不管在叶色上、叶形上，还是纹理上，这些植物的外观都力争独一无二。

雨林缸造景就是以热带雨林地区植物以及附生植物为主，着重模拟热带、亚热带的丛林景观，以热带雨林为主题，展示热带雨林生态环境多样的植物种类和风貌。通常爱好者会在里面饲养昆虫、爬行动物、两栖动物等，有水体的造景还会加入鱼虾水草之类的水生动植物，它是热带雨林在寻常人家中的缩影，是家中的雨林微景观。

　　雨林缸是雨林景观运用最广泛的一种，是一个人造的仿自然的封闭或半封闭系统，人类科技的力量在其中得以充分的体现。人们可以通过各种设备来控制这个微环境，使之自成体系。因此雨林缸几乎可以在任何地方布置，哪怕是非常干燥的地区。雨林缸，这种全新的生态设计，不仅让我们足不出户就可以感受大自然的魅力，也可以让我们更加了解自然，了解热带的动植物。

热带雨林造景的种类很多，有不同的形式和不同的表现方法，除了最为常见的缸体雨林，其他还有区域雨林、垂直雨林、公共空间雨林，甚至用来作为展示的局部仿真雨林。表达主题可以是宏观雨林，也可以是表现群落的微观雨林。在家中，大多制作的是缸体中的微雨林。近年来，随着科技发展，我们已经有了可以模仿雨林生态需要的硬件，如喷淋、雾化、光照，通风、过滤等设备，随着我们对植物的不断了解和认知，已经可以把相同养殖条件的植物设计在一个雨林缸中了。

3. 神奇的红树林生态系统

要想了解雨林景观，不能不提到红树林。红树林指生长在热带、亚热带低能海岸潮间带上部，受周期性潮水浸淹，以红树植物为主体的常绿灌木或乔木组成的潮滩湿地木本生物群落。它们生长于陆地与海洋交界带的滩涂浅滩，是陆地向海洋过渡的特殊生态系，红树指的并不是一种树，红树林的植物以红树科的种类为主，红树科有16属120种，一部分生长在内陆，一部分组成红树林，主要有红树属、木榄属、秋茄树属、角果木属的植物，红树林是海岸生态系统的重要组成部分。

红树林群落是地球上最奇妙、最特殊的生物群落之一。这种壮观的海上森林，在潮起潮落的过程中经受着海水不断的冲刷。

由于海陆交界处的生存环境非常特殊，红树林形成了一些独特的特征来适应这种特殊的生存环境。红树林最奇妙的特征是所谓的"胎生现象"，红树林中的很多植物的种子还没有离开母体的时候就已经在果实中开始萌发，长成棒状的胚轴。胚轴发育到一定程度后脱离母树，掉落到海滩的淤泥中，几小时后就能在淤泥中扎根生长而成为新的植株。红树林不仅是众多生物繁育栖息的场所，还是海岸堤坝防浪防灾的重要屏障。作为自然爱好者，我们当然也不能忽略红树林独特的美。红树林中，每一棵树都可以组成一个小的生态系统，螺在上面啃食藻类，蟹们通过根部隐藏自己躲避鸟类，同时翻找着有机碎屑，鱼儿在疏密有度的树根间穿梭，有些可能还会在上面产卵，甚至有些长期浸泡在水中的部分，都会成为贝类以及一些珊瑚的附着基。

在这里生存着很多汽水鱼。河川入海口就是淡水鱼类和海水鱼类的分界处，由于入海口水流的方向和海浪的方向相反，会在水中冲激出大量的气泡，有如汽水一般，因此半淡咸水也时常被称为"汽水"。常见到的金鼓鱼、银鼓鱼、射水鱼、虾虎鱼在这里生存。弹涂鱼等都是"汽水鱼"，还有我们平时吃的许多海鲜蛤类也是汽水贝类，比如花蛤、毛蛤等，它们喜欢生活在河口附近。另外，红树林中的许多虾蟹也都是汽水生物。

红树林中的植物，它们的根系中有一部分根向上生长，露出地面，成为呼吸根。呼吸根外有呼吸孔，内有发达的通气组织，有利于通气和贮存气体，以适应土壤中缺气的情况，维持植物的正常生活。这种呼吸根不仅是红树的根系，由于其纵横交错，非常密集，还成为了很多生物生存的家。

红树林植物是喜盐植物，温度对红树林的分布和群落的结构及外貌起着决定性的作用。赤道地区的红树林高达30米，组成的种类也最复杂，在热带的边缘地区，如在中国海南岛，红树林一般高达10～15米。随着纬度升高，温度降低，红树林植物可不足1米，构成红树林的种类也减至1～2个种。

全世界约有55种红树林树种。在中国，红树林主要分布在海南岛、广西、广东和福建。淤泥沉积的热带亚热带海岸和海湾，或河流出口处的冲积盐土或含盐沙壤土，适于红树林生长和发展。红树林植物对盐土的适应能力比任何陆生植物都强，据测定，红树林带外缘的海水含盐量为3.2%～3.4%，内缘的含盐量为1.98%～2.2%，在河流出口处，海水的含盐量要低些。

○ 生活在红树林呼吸根上的螺和贝类

迷人的红树林生态系统，水中有射水鱼，树上栖息着鸟类，沼泽区域还有弹涂鱼，另外，还有各种热带雨林特有的附生植物。

本页图片均拍摄于新加坡西北部的柔佛海域一个重要的自然保护区——双溪布洛湿地保护区（Sungei Buloh Wetland Reserve），这个保护区是新加坡第一个，也是唯一一个受保护的沼泽自然公园

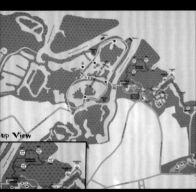

红树林中生活的鱼类——弹涂鱼

弹涂鱼（*Boleophthalmus pectinirostris*），也叫跳跳鱼，双眼像螃蟹的眼睛一样能弹出来，两边的腮向外突出，头呈三角形。弹涂鱼之所以能够行走、爬树，主要是依靠一对十分粗壮的胸鳍。它的胸鳍很长，而且根部肌肉相当发达，可以支撑身体，还能活动自如，交替着向前爬行，有点像人的两只胳膊。双溪布洛湿地用这种可爱的生物作了自己的吉祥物。

弹涂鱼是鱼类中的天才，它们一生有很多时间都不在水里度过。它们居住在红树林里，它们很高兴爬到树干或树枝上去。它们把腹鳍用作吸盘，用来抓住树木，用胸鳍向上爬行。弹涂鱼的鳃的周边长有小口，可以盛住一次呼吸的水，很像我们屏住一次呼吸的机制。它们爬上树，所以能在涨潮时待在水域外。弹涂鱼栖息于河口咸淡水交界水域、近岸滩涂处或底质为烂泥的低潮区，对恶劣环境的水质耐受力强。广盐性，喜穴居，穴一般为"Y"字形，由孔道、正孔口和后孔口构成。依靠胸鳍和尾柄在水面上、沙滩、岩石上爬行或跳跃；匍匐于滩涂上觅食，以硅藻、蓝绿藻为主要食物，也食少量桡足类及有机质。

在红树林中，还有以海洋动物为食的许多水生鸟类，如鹭鸶、白鹭、水鸭，中国台湾还有珍禽唐白鹭。此外，陆生动物及淡水动物，如蜥蜴及一些蛇类、鼠类、鸟类，还有长尾猴，有时也出现在这里。

　　我国也有不少红树林生态保护区。福田红树林自然保护区是深圳市区内的一条绿色长廊，背靠美丽宽广的滨海大道，与滨海生态公园连成一体，面向碧波荡漾的深圳湾口。这里不仅是鸟类栖息嬉戏的天堂、植物的王国，也是人们踏青、赏鸟、观海、体验自然风情的好去处。保护区内除红树林植物群落外，还有其他几十种千姿百态的植物。这里的弹涂鱼非常之多，但个体比较小。

如今，作为"海上森林"的红树林群落生态系统，在全世界开始得到重视和保护，它是人类的财富。以红树林作为主题的景观，我们时常会在世界各大海洋馆看到。右图中的新加坡动物园，以及新加坡河川动物园都有关于红树林为主题的设计，日本美丽海海洋馆、中国北京海洋馆也会看到以红树林为主题的生态设计，这些景观让大家更能了解红树林生态系统对于人类的重要性。

下图中的是射水鱼（*Toxotes jaculatrix*），体长约20厘米，是一种小型的观赏鱼类。体形接近卵形，头平吻尖，身体侧扁，眼大，嘴比较大，可以伸缩。下颌突出，眼睛也非常大，在头的前半部，体色银白鲜艳，有的呈淡黄色，略带绿色。有条纹。

射水鱼爱吃动物性饵料，尤其爱吃生活在水外的、活的小昆虫。在自然环境中，水面附近的树枝、草叶上的苍蝇、蚊虫、蜘蛛、蛾子等小昆虫，都是射水鱼的捕捉对象。一些海洋馆经常可以看到射水鱼喷水捕食的表演。

马来西亚吉隆坡动物园水族馆射水鱼展示

在各地世界的海洋馆建设中，我们都可以看到关于红树林的景观设计。在2019年世界园艺博览会上，热带雨林展厅用了很大的面积模拟了红树林生态系统，里面用了大量红海榄树作为红树进行展示。当今红树林生态系统已经成为了全世界研究的课题，受到了很大的关注。

左图中的长鼻猴（*Nasalis larvatus*），是东南亚加里曼丹的特有动物，是发现的唯一不属于反刍亚目却能够反刍的物种。它们的长相异常奇特，鼻子大得出奇，其中雄性猴子随着年龄的增长鼻子会越来越大，越来越长，最后形成一个又大又长的鼻子，也因此得名"长鼻猴"。作为世界濒危保护动物，长鼻猴总数也只有几千只，在马来西亚沙巴和沙捞越的沿海红树林及河流两岸，时常可以见到群居的长鼻猴。

Cloud Forest

云雾林

4. 神秘的云雾林生态系统

世界60多个国家有山区云雾林分布，作为一种热带雨林类型，其林冠附生生态系统保持了生物多样性的特征。

云雾林存在于北纬23°～南纬25°相对狭窄的纬度地区内，年降水量在500～5 000毫米，年平均气温在8～25℃，气候湿润凉爽，且阳光充足。云雾林的地面和植被上通常覆盖着大量的苔藓，因此也被称之为苔藓森林。云雾林经常云雾缭绕，在这里，云雾带来的水分能够更好地保留下来，云雾林可能存在于海拔500～4 000米的地区。在云雾林中，大多数降水是以雾气凝结的形式出现的，雾气先凝结于叶片上，再滴落至地面，保证了空气湿度，给森林中的珍稀植物一个很好的生存条件。

正午，来自海洋的暖湿气流沿着山体缓慢向上爬升，到达高海拔的山顶区域，水汽冷凝形成降雨，给山顶区域带来湿润凉爽的云雾带，从而形成云雾林。

云雾林往往形成于山的"马鞍部"，气候凉爽，水分不容易蒸发，在这个地区生长着茂密的苔藓，一些附生植物会以苔藓为基质，根系插入苔藓里，附着在岩石或者树干上生长。由于气候凉爽，海拔相对高，很多植物并不会长得很大，如南美洲的一些迷你型兰花，它们也是一些造景玩家青睐的植物类型。

全球的云雾林仅覆盖陆地面积的1%，云雾林主要集中于中美、南美、西非、中非地区，以及印度尼西亚、马来西亚、菲律宾、巴布亚新几内亚和加勒比等国家。

新加坡滨海湾花园云雾林是人造热带雨林景观，是模仿自然环境而建的。它由一个复杂的结构，通过不同层次来展示各种附生植物，如蕨类及秋海棠、兰花、石松、凤梨、花烛属植物等。

我国境内也有一些云雾林存在。

海洋

云南省大围山云雾林自然保护区

这个云雾林位于云南省南部屏边县与河口县交界地带，它南部邻近中越边界，北部紧靠屏边县城，距屏边县城玉屏镇3公里，总面积约433平方公里，森林覆盖率81.5%以上。这里风光旖旎，景色迷人。由于它处在北回归线上，因此被称为"北回归线上的绿色明珠"。

大围山从最低海拔76.4米到最高海拔2 365米，依次分布着湿润雨林、季风雨林、山地苔藓常绿阔叶林和山顶苔藓矮林，是我国大陆具有湿润雨林和热带山地森林垂直带系列最完整的地区。由于未受第四纪冰期的影响，保存了许多古老的特有珍稀动植物，大围山成了古老热带森林动物和植物的避难所，因此又被称为"中国动植物的基因库"。

海南是中国热带云雾林最主要的分布地区之一，海南五指山的热带云雾林弥漫的雾气让森林仿佛身处人间仙境。

五指山是海南岛第一高的山脉。它位于海南岛的中部，因峰峦起伏形似五只手指而得名。五指山是海南岛的象征，也是中国名山之一，被国际旅游组织列为A级旅游点。五指山的最高峰是二指，海拔1 867米。

五指山山区遍布热带原始森林，层层叠叠，逶迤不尽。海南主要的江河皆从此地发源，山光水色交相辉映，构成奇特瑰丽的风光。五指山林区是一个蕴藏着无数百年不朽良树的绿色宝库。

海南五指山热带云雾林

中国海南岛的热带云雾林，主要分为热带山地常绿林和热带山顶矮林两大类，主要分布在霸王岭、尖峰岭、黎母山、五指山、吊罗山和鹦哥岭等林区海拔1 200米以上的山顶或山脊。分布环境平均气温在19℃左右，日平均空气相对湿度能达到88%以上，云雾出现频率高、风力强劲，土壤含水量常处于饱和状态。

在热带云雾林，暖湿气流会绕着山冷凝成水雾，朦胧的雾气环绕覆盖在郁郁葱葱的树木之上，形成特殊的生态系统。一年中的大部分时间，源自海洋的湿气使云雾林持续性地云雾缭绕，这个地方降雨频繁，空气湿度极大，平均气温在19℃左右。对于热带而言，这个温度非常凉爽。

热带云雾林被认为是对气候变化敏感的典型生态系统，来自剑桥大学和联合国环境规划署-世界生物保护监测中心(UNEP-WCMC)的专家马克·奥德里奇等人曾指出，云雾林也是世界上受威胁最严重而研究最少的森林。

云雾林是地球上物种多样性最大的一个层次

云雾林物种多样性丰富，特有植物种类繁多。同样的一公顷面积，低地雨林林地大约有四五千棵树，云雾林林地里的数量能达到一万多棵。

高海拔和潮湿的气候，使这里形成了一个很特殊的生态环境，而生活在这儿的草木花石各自独立又相互联系。

在这里，苔藓、枯木、溪水，共同组成了雨林的最美细节，让云雾缭绕的森林变成充满生命力的生物乐园。

逼真的人造云雾林景观——新加坡滨海花园云雾林展区

滨海花园的主要建筑是两个温室：一个叫"云雾林"，另一个叫"花穹"。

新加坡的温度对云雾林植物来说太高了。2012年，园艺建筑师们创造性地为云雾林植物量身定制了一个独特的家——坐落于滨海湾花园的云雾林温室。当我们走入这个云雾林展厅，看到了这个"腾云驾雾"的巨大温室，眼前的情景让人震撼。温室中央有座35米高的巨大山体，山体上生长着茂密的绿色植物和鲜花，巨型瀑布则从山顶倾泻而下，这是世界最高的室内人造瀑布。这里模拟了热带山地地区和南美以及非洲高海拔地区凉爽潮湿的气候，有9个不同的区域，分别是"遗失的世界""云中小径""大洞穴""瀑布景观""水晶山""树顶小径""地球一览""零上五度"与"秘密花园"。喷雾开启时，整个空间如同一个被山间云雾与蒙蒙细雨笼罩的雨林，彷佛漫步在云端。身在其中，可以让人在探索中发现生物的多样性，并了解到云雾林的生态特点。

巨型的花烛、美洲的凤梨、五颜六色的观叶海棠、耀眼的野牡丹、神奇的食虫植物、参天的桫椤树、满眼的苔藓……整个"人造山体"被神奇的植物包裹，别外，温室内还设置了定时喷淋装置。

　　室外，有由金属结构做成的巨大的抽象的"天空树"，整个"树干"被各种凤梨和蕨类植物等附着，树干部分连接管件则是喷淋加湿系统，这样可以让这些雨林植物更好地在室外生长。人们可以乘坐电梯到达空中走廊，从高空看新加坡的景色。除了白天，晚上也是观赏的绝佳时段，晚上看天空树也是一种很梦幻的场景。

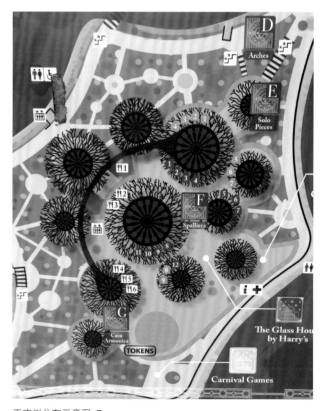

天空树分布示意图 🎧

天空树一

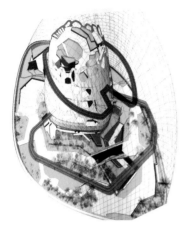

新加坡云雾林温室示意图 🎧

绿意盎然的"高山"是温室的主角。实际上这山体是空心的，内部设有大量展示空间。位于底层的云雾林剧场和云雾林展览是重要的环境教育场所。一条长长的环道从水晶山水平延伸出去，使游人得以穿行在树木之中，故名"树顶步道"。

在天然的热带云雾林中，由于降水丰沛，云雾林土壤中的矿质元素含量不高，土壤较为贫瘠，树木往往长不高，树种多样性也相比低海拔地区的热带林低。不过，又得益于丰沛的降水，云雾林中附生植物的种类和数量都颇为丰富。我们知道，绝大多数植物都扎根于土壤，附生植物却是用根系把自己固定在其他植物上，但只是借此为自己开辟生长空间，它们进行光合作用，自力更生，因此它们只是附生，并不是寄生植物。在高海拔的云雾林经常看到各式各样附生植物。

由于独特的凉爽湿润气候和地质土壤条件，云雾林中的不少植物都为特有物种，且有着不俗甚至惊人的样貌，颇具观赏价值。美洲高山云雾林地处高原地带，气候比较冷，但湿度很大，由于海拔高，很多植物并不像我们想象中的那么高大，会有一些株型小的植物。特别是很多兰科植物，因为它本身处高原。高原上高光照高海拔，加上空气冷凉，所以经常看到很多小小的，很可爱的，永远不会长得太高大的植物。

低地的雨林会有很多大叶子的植物，但是高山云雾林大叶子植物由于需要进行蒸腾作用，很难成活。在高地云雾林中，会有一些小的植物。南美洲地区及厄瓜多尔、哥伦比亚还有秘鲁三角洲地区的植物，都属于高地型。新加坡"云雾林"展厅，这个高度模拟了自然的热带云雾林的人造环境，也还原了这些小植物喜欢的冷凉的环境。

这个温室占地8 000平方米，它高高耸
立，如同一座贝壳状小山，这样的建筑造型不
仅是为了容纳一座35米高的人造山体，也利用
了烟囱效应，让温室中较热的空气能尽快从顶
部通气窗排出。制冷机组将室内气温控制在宜
人的23~25℃，相对湿度为80%~90%。为
了模拟云雾林常年高湿的环境，这里每天上午
10点到晚上8点，每隔两小时都要进行一次人
工喷雾。喷雾时温室内云遮雾绕，如梦似幻。

人造山体外侧绝大多数是附生植物，或攀
缘，或下垂，或呈莲座状。这些植物原产于世
界各地的云雾林，有各种凤梨科和天南星科花
烛属及野牡丹科酸脚杆属（Medinilla）的植物
等，苦苣苔、兰科植物、食虫植物和秋海棠
科植物也是随处常见。

云雾林植物和低海拔热带森林相比，具有树木相对矮小、植株密度较大，附生植物密度高，特有物种丰富的特点。

云雾是热带高海拔云雾林最主要的水分来源，云雾层会源源不断地给附生植物必要的湿度，苔藓地衣在云雾林中覆盖面非常广，这样也给云雾林植物提供了生长的介质，使气候凉爽湿润，所以我们在种植云雾林植物时也要满足植物所需要的环境要求。不仅提供一定湿度的小环境（60%～90%），还要有通风设置，在土壤上也会选择干苔藓或者透气性好的介质进行养殖。

云雾林植物，最为有趣的生长特征就是其凹凸不平的叶子表面，看起来有许多纵横的沟沟道道。如花烛属植物。而这种生长方式可以为它们适应环境带来了很大的帮助。

这种叶面形态可以通过增加叶面面积来多方位提高光合作用的效应，可以适应在低光环境下生长。这样的叶面形态也加快了叶面排水，每一道小沟沟都可以像个小管道，引流排水，

↻ 叶片表面呈现出气泡状的花烛属植物（*Anthurium corrugatum*），原产自安第斯山高地的云雾林

避免积水，减少烂叶。

在云雾林环境下植物生长的速度都不会很快，并且惧怕高温，云雾林一年四季低温凉爽，潮湿，生活着的几乎都是喜凉的植物。有的云雾林品种甚至对水质都有要求，如一些花烛属植物需要活水，补充镁、钙等矿物质。碱性过大的水在叶面残留易灼尖。通常云雾林花烛株型都较为娇小，例如*Anthurium lappoanum*。

很多云雾林植物具有附生或半附生现象，它们会产生气生根不定根，在它们的自然栖息地中它们附生在树干或树顶上。在大自然中，这些根系也会插入云雾林苔藓中，在种植中可以不用过多照顾它们，给它们附一层水苔，让根系吸收水分，就能让植物更好地生长。

宾海花园除了这个高山瀑布24小时运行给整个展厅增加湿度外，每天10:00～20:00还会每隔两个小时进行一次整体喷淋，让室

马来西亚金马仑高原〔Cameron highlands〕，海拔1 500米，这里不仅可以找到大王花，而且植物丰富度很高，这里有着茂密的苔藓森林，树木被厚厚的苔藓包裹，各种附生兰聚集在苔藓上

南美洲雨林按海拔高度划分为高地、中地、低地，海拔越高，温度越低。南美洲雨林中的植物密度非常高，种类奇特丰富，生长着各式各样的植物，从低海拔的花烛蔓绿绒到高海拔的附生兰应有尽有。

云雾林随着海拔高度的升高，温度随之递减。海拔2 000米，温度会在10～22℃，气候稳定。这里的树木树冠层次不明显，云雾发生次数多，湿度大，苔藓丰富，甚至比常绿雨林的植物丰富。

在南美洲，大量的迷你型兰花、三尖兰、卡特兰、丽斑兰生活在高海拔云雾林。兰花品种繁多，它们分为低地型、中地型、高地型，我们养殖时一定要了解兰花的习性，了解它们是否耐热，否则养殖时会出现兰花死亡的现象。

下面这几种植物都是南美云雾林中的代表植物，三尖兰属植物（*masdevallia*）是产自热带美洲高山云雾林的兰科植物，除了很少品种耐热，大多都需要低温养护。在夏天都要在空调房里养殖，温度不高于22℃，于水苔或者透气基质中养殖。

甲虫兰属植物（*Restrepia*）主要生长在厄瓜多尔至秘鲁的热带雨林中，因开花形态酷似甲虫而得名。

Pleurothallis restrepioides 'Dragonstone'

Scaphosepalum swertifolium

Restrepia brachypus

⬥ 三尖兰新叶呈现出紫红色。可用水苔作为基质固定在沉木上养殖，温度不宜过高，需要通风

二 热带雨林造景设计

（一）造景设计基础：认识热带雨林中的植物与动物

1. 大自然的生物多样性

从巍峨的雪山到广阔的平原，从空气稀薄的高原到浩瀚无边的海洋，从风沙无常、干旱无水的沙漠到碧绿如茵的草原，从地球的北极到南极，动物与植物的"足迹"出现在了地球的大多数地区。神秘的大自然里，各种生命形态并存，各种生物共享地球，无奇不有。在热带雨林这个动物的王国、植物的天堂里孕育着无数生命，它们千姿百态，层级关系复杂，群落多种多样。下面，我们就一起走进热带雨林神奇的动植物世界。

这种美丽的植物叫老虎须（*Tacca chantrieri andre*），是一种热带雨林植物，又名箭根薯，分布于越南、老挝、泰国、马来西亚，中国云南、海南还有广东等地区也有生长，在水边最为常见。老虎须的花朵是紫黑色的，长着长须，飘逸下垂，非常像一张老虎的脸，喜温暖湿润气候及排水好的含腐殖质的土壤，在低于15℃温度下生长缓慢

2. 热带雨林中的珍稀植物

　　水生植物、亲水性植物、陆地植物，它们是自然界中生存方式各异的植物类型。

　　水生植物，通指水草，一般是指可以生长在水中的草本植物。水生植物指生理上依附于水环境，至少部分生殖周期发生在水中或水表面的植物类群。有些陆地植物在雨季也可生存在水下数月，但却不能称之为水生植物。水草有挺水、浮叶、湿生和沉水等生活形态。水草和陆地植物一样需要光合作用，光合作用产生的二氧化碳通过二氧化碳溶于水的原理被水草吸收。水草造景就是用这些水生植物和沙石流木组合来设计景观，通过水草的特性让它们不断生长，对它们进行维护，加之美学设计，在水族箱中呈现出一幅生动的水景画作。在雨林景观设计中也可增加水体部分。

　　亲水性植物，我们通常指根茎生长在水中或者潮湿泥土中，叶片处于水面之上的植物，它们依赖水源，但又可以通过水上叶片进行光合作用。这些植物通常生活在河堤或者浅水区域。

　　沼泽里的植物茂盛，一般是挺水植物偏多。荷花、莲花是沼泽湿地的常见植物，它们属于挺水植物。一些喜湿和耐涝的树种会在沼泽里长得很大，一个明显特征是它们的根基往往很粗。在热带雨林景观设计中，可以利用这些植物的特性去营造景观中水陆交接部位的植被，这样可以让我们做的自然景观更加丰富多彩，更加符合大自然中这一特殊植被的生长规律，营造出更自然的景观设计作品。

陆地植物，是生命的主要形态之一，包含了如乔木、灌木、藤类、草类、蕨类，及绿藻、地衣等熟悉的生物。种子植物、苔藓植物、蕨类植物和拟蕨类等植物中，据估计现存大约有350 000个物种。我们这里介绍植物，主要是围绕景观设计去讲植物的用法。如今，热带雨林景观流行，我们可以通过人工设备，去营造热带雨林环境，从而让一些热带雨林植物可以生存在自己的家中，这也是雨林景观设计十近年来盛行的原因。

　　热带雨林的总面积仅占地球陆地总面积约7%，却包含了地球上70%的物种，是地球上物种多样性最丰富的地区，我们这里阐述的热带雨林景观设计正是通过艺术手法来表现物种的多样性特征。

THE WORLD'S
DEEPEST
RIVER

Congo River is the second longest river
in Africa and the deepest in the world.
Its peaceful flow through savannahs
and rainforests is broken by a stretch
of dangerous rapids known as the
"Gates of Hell". This powerful river is
Africa's greatest source of hydropower.

Sungai Paling Dalam Di Dunia
Sungai Kongo merupakan sungai kedua terpanjang di Afrika
dan paling dalam di dunia. Aliran sungai ini yang mengalir
melalui kawasan savana dan hutan hujan dengan tenang dan
damai diselangi dengan satu kawasan jeram berbahaya yang
dikenali sebagai "Pintu Neraka". Sungai yang berpengaruh ini
menjadi sumber utama kuasa hidro Afrika.

世界上最深的河流
刚果河是非洲第二长，也是世界最深的河流。该河在穿
越热带雨林和稀树草原时安详静谧，不过之处速度猛然加
快，经流湍狂暴，被称为"地狱之门"的险地，水力浪大的浩果，
拥有非洲最大的水力发电潜力。

世界で最も深い川
コンゴ川はアフリカ大陸で二番目に長い川でしかも
最も深い川である。川がサバンナや熱帯雨林を穏やか
に流れる川は、現地で"地獄の扉"と呼ばれる危険な
姿を突如と変えます。巨大な流量をもち、水力発電源
となっています

位于新加坡的河川生态园（Singapore River Safari），是
亚洲首个也是唯一一个以河川为主题的野生动物园。在这里你
可以看到包括雄壮的密西西比河与神奇的长江在内的八大河川
动物栖息地的模拟景观，此景观诠释了植物与动物的完美结
合，水生植物、亲水性植物、陆生植物以及哺乳动物和鸟类生
存在一个空间内，还原了自然界的一种生态平衡，相信在不远
的将来，这种设计会成为一种潮流。上图作品高度还原了大自
然真实状态，是一个从水下到沼泽再到雨林的生态景观作品。

3. 热带雨林中的附生植物与植物的共生、绞杀、板根现象

有些植物不跟土壤接触，其根群附着在其他树的枝干上生长，利用雨露、空气中的水汽及有限的腐殖质（腐烂的枯枝残叶或动物排泄物等）为生，如蕨类、兰科的许多种类，这类植物叫附生植物。半附生植物和附生植物的附生形式，刚开始时一样，不同的是，它们是从高处往下长，它们开始时在冠层林中生长。由于冠层林中干旱的缘故，半附生植物生长极为缓慢，一旦它们的根往下到达地面而且可以从废弃的叶子中吸取营养之后，它们生长得就特别快，附生植物和半附生植物是热带雨林森林结构中一个特别的组成部分，它们给森林增添了新特色，创造了供大量的物种利用的新的生态位置。在热带雨林中，这类植物大约占植物种数的一半。图中树木拍自苏拉威西岛，树干上的附生植物为抱树莲（*Pyrrosia piloselloides*）。

　　热带雨林的藤本植物、蕨类植物、凤梨等为了更好地摄取阳光和水分，在雨林树木的高处生存。蕨类孢子和兰科植物细小的种子经过气流或动物传播，在一定湿度条件下，在树干高处形成了特有的群落结构，这种景象既壮观又让空中的世界多姿多彩。这种景观在热带亚热带地区高处的树木上常见到。这也成为了热带雨林的一大特征。具有半附生性黄绿相间的花叶绿萝（*Scindapsus aureus*）攀爬在树干上，在热带和亚热带地区非常常见。

鸟巢蕨、槲蕨、眼树莲、铁角蕨、天南星植物
在新加坡双溪布洛公园里形成了附生植物群落
的"空中花园"

附生这种特殊的生长方式也是热带雨林里常见的一种自然现象。这些附生植物没有眼睛，它们的种子借助风力传播，或者由动物粪便传播等途径随遇而安地分布在雨林的各个角落，如岩石上、树干上、小溪边，落到哪里，它们就在哪里生长。

它们并不像寄生的生物那样，吸收宿主的营养，它们只是把雨林中的树干或岩石作为自己的附着体。很多喜阳的附生植物由于在雨林的地被层吸收不到光线，雨林上层被高大的乔木叶片遮挡，所以它们需要一直向上攀爬才可以吸收更多的光线，这样它们就需要树干等介质作为向上生长的"工具"。很多附生植物需要风力传播种子，需要鸟类和哺乳动物排泄的粪便把种群传播出去，但这些种子依然需要基质和水分才可以生长，而热带雨林里的常年降雨和密布的苔藓地衣等给了它们生长必要的条件。

我们在雨林景观中还会经常运用到苔藓，这也是雨林景观的一大特征。藻类、地衣、苔藓也是附生植物，只不过它们相对弱小。苔藓不仅在热带雨林里生长，在温带森林里它们也会布满地面，甚至在树枝，叶片上也能见到。

附生植物具有顽强的生命力。空气凤梨会在岩壁中生长，兰花也可以附生在枯死的树干和岩石上。附石蕨可以包满石头，小溪边的石菖蒲、苔藓、辣椒榕、蕨类植物等可以在溪流边的石逢中生存，它们需要更多的水分。有些附生植物会根据气候变化进行适应性改变。比如一些河流边的树木，一旦雨季到来，水位就会升高，而植物为了避免浸泡在水体中，则需要在水面上一直依托于树干生长，这种现象也是经常在自然界中见到的。附生植物为了生存，想尽办法附生在其他介质上，这里体现出了它们的生存智慧。兰科植物、蕨类植物、凤梨科植物、苔藓这些有智慧的代表性附生植物，我们用在热带雨林景观中，热带雨林的特点一下就鲜明起来了。

附生植物喜欢生长在1 000～2 000米的云雾林中，这里苔藓丰富，能给更多附生植物提供完美的生长介质，空气也潮湿阴凉，是附生植物非常喜欢的生长环境。所以我们在养殖附生植物时要注意模拟云雾林的原生环境，温度不宜太高，15～25℃为宜，环境湿润但不能积水，且要有一定的通风条件，这样才符合附生植物养殖的条件。

热带雨林中的"空中花园"

热带雨林中还有绞杀现象及随处可见的气生根。藤本植物和附生植物共同形成了庞大的"植物乐园"，在空中形成了雨林中独有的动物与植物的宜居之地。在热带雨林的冠层区，由落叶、动物的粪便腐烂后形成的肥料是极其丰富的，一些附生植物在冠层建立了自己的家，蚂蚁、箭毒蛙等生物在这里安家落户，附生植物也可以在动物昆虫的粪便中提取养分，把空中的灰尘作为自己的生长基质来源。

由于错综复杂的支撑点和多雨潮湿的气候，凤梨科植物、蕨类植物，天南星植物，兰科植物给蚂蚁、蛙类、蚊虫、蝴蝶以及鸟类和哺乳动物提供了一个很好的生存条件，积水凤梨，鸟巢蕨等莲座型附生植物给小生物提供了水源和歇息的地方，一些鸟类和哺乳动物也在此饮水和觅食。长此以往，在这个区域形成了一种特殊的生态环境，在热带以及亚热带地区，这样的生态环境非常常见。

云南大围山树上的水龙骨科石苇属植物和石豆兰

　　世界上的附生植物种类非常多，单在新热带界就有超过15 000种附生植物生存，并且全世界有超过30 000种附生植物没有被分类。附生植物的生活方式使它们适应了雨林的生活，在雨林中它们不仅能够获得更多的光照，也能接触更多的冠层动物传粉者，风传树种的可能性也大了。在热带雨林造景艺术作品中，附生植物是最适合突出表现的部分，兰科、萝摩科、凤梨科、蕨类、苔藓等植物，各种藤本植物围绕着景观的中上层，形成了雨林景观的空中花园，也体现了植物的多样性。设计作品中的附生群落植物需要给它们充足的空间进行生长，天南星科攀爬型蔓绿绒、龟背竹等半附生植物可以生长出气生根支撑其生长，在景观中也要给这些植物留有足够空间。

在巨大的板根树上，常常可见到攀缘极高的天南星科麒麟叶属（*Epipremnum pinnatum*）藤本植物

在植物分类学中，并没有攀缘植物这一门类，这个称谓是人们对具有类似攀爬这样生长形态的植物的形象叫法。它们大多茎干细长，自身不能直立生长，必须依附他物而向上攀缘。

在热带雨林地区，经常可以看到巨大的乔木上生长着藤本植物，这种现象很普遍。这些植物为了争夺更多的阳光不断向树冠层爬升，它们多属天南星科、萝摩科、葡萄科、蕨类、胡椒科，一些榕属植物也有这本领。这些藤本植物在雨林中生长层次不明显，不固定在哪一层。

皇冠鹿角蕨（*Platycerium coronarium*）原产马来西亚、新加坡、泰国等地。营养叶像皇冠状，孢子叶下垂，长度可达3米，为孢子叶最长的鹿角蕨。景观中可以作为附生植物挂在半空，但一定要留出足够的高度让孢子叶生长。冬季避免过冷环境。自然环境下它们多生长在高树枝杈处，可以获得充足光照，但它们也怕烈日，树冠叶片能为它们遮挡正午阳光，避免灼伤它们的叶片。本页内的照片拍摄于新加坡动物园。

雨林景观设计中，藤本植物的使用非常关键，它们也是雨林景观的特征之一，它们的存在赋予了景观更强的生命力。缠绕在木头上的植物和苔藓，使得景观更加细腻，是连接树冠层和地被层植物很好的衔接植物。种植时还要考虑光线和土壤是否适合这些爬藤植物的生长。

附生在棕榈植物树干上的鹿角蕨和石苇属植物，拍自泰国曼谷郊外

中国海南陵水县吊罗山自然保护区
拍摄的附生植物，吊罗山属热带海
洋季风气候

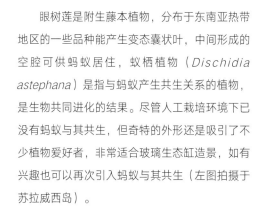

眼树莲是附生藤本植物，分布于东南亚热带地区的一些品种能产生变态囊状叶，中间形成的空腔可供蚂蚁居住，蚁栖植物（*Dischidia astephana*）是指与蚂蚁产生共生关系的植物，是生物共同进化的结果。尽管人工栽培环境下已没有蚂蚁与其共生，但奇特的外形还是吸引了不少植物爱好者，非常适合玻璃生态缸造景，如有兴趣也可以再次引入蚂蚁与其共生（左图拍摄于苏拉威西岛）。

通常来说，附生植物能适应雨林冠层水分、矿物和养分的严重缺乏的严酷条件。冠层的许多物种，如兰花等都已经有了各自特有的储水的构造：很像一些沙生植物，有一些用粗茎来贮水；其他的一些有叶毛，空气干燥时，叶毛就能有效地关闭叶孔，从而减少水分流失。很多附生植物为了适应环境，其行为已经发生了进化，为了解决养分缺乏的问题，冠层的植物要么已经与一些动物形成了共生关系，要么就像个篓子一样"承接"林间掉落的碎屑来维持养料的供给。另外，附生植物表面的护根层还为它们的生长提供了微量的矿物和潮湿的环境。

薜荔（*Ficus pumila*）常见于热带亚热带温带以及海洋性气候地区的树木岩石上，分布非常广，生命力顽强。叶两型，枝节上生不定根，根系攀附能力很强。市场上还会见到花叶薜荔、掌叶薜荔，它们喜欢温热潮湿环境，是雨林缸中常用的小叶型攀援植物，由于叶型小，可以用于各种规格雨林景观，树木和背景上都可种植。喜欢湿度高的环境，侵犯能力较强，需要修剪维护，以免在缸中过于泛滥，影响景观的视觉效果。

热带雨林植物的共生关系

物种之间相互依赖是热带雨林生态中一种主要特征。物种之间的依赖体现在花的授粉、种子被采食，及共生、寄生、附生等关系上。

这些关系发展了数百万年。生物链中，一种物种的消失会削弱另一种生物的生存条件，当然，一种植物的疯狂生长也会影响另一种植物的生长形势。

雨林中无数的物种为了生存，和其他物种形成了复杂的共生关系，使双方获利。如蚁栖植物，这种与蚂蚁有着共生关系的植物，就是生物共同进化的产物。这类植物的特点是，常常肉质化，通过变异产生膨大的茎、刺、叶柄、块根、囊状叶，为蚂蚁提供"住宿"条件，蚂蚁营巢和捕食时带来的有机物如排泄物、昆虫尸体等又为植物提供了可供吸收的养分。蚂蚁是生态系统中重要的捕食者，常常群策群力捕获比它们体形大得多的猎物。比如，蚂蚁能捕食取食植物的毛虫，从而减少毛虫对植物的伤害，从而对植物起到间接的保护作用。由此可见，蚂蚁与蚁栖植物真称得上是自然界中互利共赢的最佳范例。

在我们设计雨林景观时，经常会运用植物的附生性和共生关系，把这些植物种植在一块石头或者沉木上，增加雨林的植物多样性，但在养护一段时间后，经常会发现有的植物状态好，有的植物被其他植物"欺负"而变得越来越弱。比如一些兰科植物会被天南星的大叶子遮挡光线，使得兰科植物很难进行光合作用。因此，我们不仅要了解植物的生存环境，还要了解植物成体的大小及状态，在把它们种植在一起时预留相应的空间。后期也可通过对叶子的修剪让景观植物搭配更合理，另外，还可以通过控制温度湿度和植物根系基质等方法来控制植物生长的速度和状态。

蚁栖植物——蚂蚁的"空中部落"

蚁类是热带雨林中非常庞大的族群，它们个体很小，藏匿在各个角落缝隙间，甚至植物中。蚁栖植物分布很广，是亚太地区除了兰科植物以外种类比较庞大的附生植物。它们形态各异，甚至为了蚂蚁改变了自己的样子，如有的形成贝壳、盔甲、簸箕状。蚁巢玉的内部孔隙给了蚂蚁当作巢穴，球兰风不动藤则给了蚂蚁遮风挡雨的条件，经常可以看到在一个树枝上有很多蚁栖植物生存在一起，形成了一个群落，蚁蕨（*Lecanopteris pumila*）、眼树莲（*Dischidia astephana*），甚至凤梨、兰科等植物附生在一起，也给了蚂蚁一个安逸的家，形成了一片蚂蚁的"空中部落"。

萝藦科（*Asclepiadaceae*）眼树莲属（*Dischidia*）附生植物，叶片多肉质。这类蚁栖植物一般有两种叶型，一种是普通的肉质叶，一种是囊状的膨大叶，供蚂蚁居住。苏拉威西岛拍摄的*Dischidia collyris*，比较特殊，是块茎膨大供蚂蚁居住，蚂蚁在里面可以避风挡雨

热带雨林中很多植物有蚁栖植物特点，如萝藦科（*Asclepiadaceae*）、夹竹桃科（*Apocynaceae*）、兰科（*Orchidaceae*）、茜草科（*Rubiaceae*）、水龙骨科（*Pilypodiaceae*）等，这些类型的植物大多肉质化，给蚂蚁提供了生存环境

印度尼西亚苏拉威西岛发现的茜草科蚁寨属（*Hydnophytum formicarum*），是需要超高湿度的品种，内部截面多孔道供蚂蚁生存，当地人还把这种植物当作药材使用

Nepenthes mirabilis

在苏拉威西岛同一片植被中发现的蚁栖植物，其中，兰科植物和猪笼草（*Nepenthes mirabilis*）同时存在

水龙骨科（Polypodiaceae）陆生或者附生的蕨类，根状茎肉质横走。*Lecanopteris crustacea*，肉质茎里面疏松多孔，可供蚂蚁居住

热带雨林的绞杀现象

在热带雨林中，有时候会看到一圈粗大的树根从天上垂下，形成一个柱桶状，里面中空的，这就是热带雨林独有的现象。绞杀现象是原始森林中的一道奇特景观，绞杀植物一般属于藤本植物与附生植物之间的过渡类型，也称半附生植物。在我国西双版纳雨林，绞杀现象比比皆是。

中国海南省五指山热带雨林绞杀现象

绞杀植物之所以能成功寄生在寄生植物上，鸟类"功不可没"。绞杀植物的果实被鸟类取食后，种子不会被消化，之后被排泄在其他的乔木上。在适宜的条件下这些种子发芽，长出许多气根来，长出的气根沿着寄主树干爬到地面，并插入土壤中，拼命地抢夺寄主植物的养分、水分。这些气生根逐渐增粗并分枝，形成网状紧紧地把寄主树的主干箍住，从而阻止了寄主植物的生长。

随着时间的推移，绞杀植物的气生根越长越多，越长越茂盛，而被绞杀的寄主植物终因外部绞杀的压迫和内部养分的贫乏而死亡、枯烂。反剩绞杀植物的气根围成的一圈，看上去就像个空筒，有人形象地描述其为猪笼状的植物体。在热带雨林里，具有绞杀功能的榕树就有二三十种。它们往往选择一些高大挺拔的寄主作为绞杀对象，因为这样可以较容易获得更广阔的生态位置，而且寄主被绞杀死亡后也会为它们提供更多的营养物质（下图A、B、C、D，正是榕树绞杀寄主的渐进过程）。绞杀现象是植物之间争夺生存权的一种很残酷的现象，近乎于动物界的弱肉强食。

A

榕树种子通过风媒或虫媒落在冠层叶间，经过雨水的洗礼在树冠层生长，会沿着树干长出细长的气根，气根慢慢接触地面。

B

吸收了土壤养分的气根越长越粗，并且相互连接，树冠层叶片开始越长越大。

C

气根相互结成网状紧紧地缠在了大树身上，从树干上吸取水分、养分。顶部的树叶越来越大，抢走了阳光，主树相反越来越难获得阳光。

D

榕树越长越大，缠绕在寄主身上的网越来越粗壮茂密，形成了一个厚实的包裹体，树冠已被榕树树叶占领。慢慢地，主树开始死亡，榕树得以绞杀成功。

热带雨林的气生根

气生根是指由植物茎上生发的，生长在地面以上、暴露在空气中的不定根，一般无根冠和根毛的结构，能起到吸收气体或支撑植物体向上生长保持水分的作用。常见于多年生的草本或木本植物中。

一些根系较浅而植株又较高大的草本植物，还有爬山虎、常春藤等一些茎叶纤弱的藤本植物，及一些生长在沿海、沼泽及热带雨林地区的植物，如大南星、附生兰、蕨类植物等，它们的根均向上生长伸出地面。气生根因行使的生理功能不同，又分为支持根、攀缘根及呼吸根等几类。

经常看到很多带气生根的植物，比如兰科、天南星植物等，它们的气生根除了支持自己身体外，粗大的根系不像细小的根毛一样，遇到空气就会干枯，而是在外层有一层保护层，这样可以避免水分流失，使植物能够以附生的方式继续生长。

热带雨林板根现象

　　板根现象是热带雨林里乔木最突出的一个特征，也是早期被欧洲探险家们描绘得最为神秘玄妙的部分。热带雨林中的一些巨树，通常在树干的基部延伸出一些翼状结构，形如板墙，这就叫板根。大的板根达10多米高，延伸10多米宽，形成巨大的侧翼，雄伟壮观。板根是乔木的侧根外向异常次生生长所形成的，是高大乔木的一种附加的支撑结构。它通常辐射生出，以3~5条为多，负重最多的一侧更发达。板根树并不是只有一个品种，很多树种都可以形成板根现象，并不限制树的种类。

　　在热带雨林中，具有板根的乔木十分普遍。泰国北部森林公园里，会发现很多板根树，为了争取到更充足的阳光，它们不断向上生长，为了稳固高大的树木，形成了起支撑作用的巨大板根。

笔者与板根树的合影

雨林中的珍稀植物

绿色植物作为能量的转化者，通常是处在生物界食物链的第一环，即被食者。然而在千百万种的植物中，也不乏个别的"异类"，它们不是被食者，而是捕食者，以昆虫为食。根据科学家统计，它们的祖先有可能是生长在氮素养分十分缺乏的酸性土壤和池沼中，经过长期的适应，一部分的叶子形成了形形色色的捕虫器，靠捕食和消化小虫作为营养的重要来源。据统计，全世界共有食虫植物约400余种，我国约有30余种。

食虫植物是一种会捕获并消化动物而获得营养（非能量）的自养型植物。食虫植物的大部分猎物为昆虫和节肢动物。

猪笼草、瓶子草、捕蝇草、茅膏菜、捕虫堇、狸藻、土瓶草、腺毛草、露松、貉藻、布洛食虫凤梨等都是常见的食虫植物，某些猪笼草偶尔可以捕食小型哺乳动物或爬行动物，所以食虫植物也称为食肉植物。

在热带雨林景观设计中，可以在水体与陆地之间的位置种植食虫植物，往往置于明亮的中前景空旷位置。它们不仅可以消灭部分飞虫，形态各异的食虫植物还会增加景观的趣味性和神秘感。

拍摄于新加坡滨海花园食虫植物区的
瓶子草（*Sarracenia leucophylla*）

瓶子草是一种株型相对较大，气质高雅的食虫植物，叶子成瓶状直立或侧卧，大多颜色鲜艳有绚丽的斑点或网纹，形态和猪笼草的笼子相似，能分泌蜜汁和消化液。受蜜汁引诱的昆虫失足掉落瓶中，瓶内的消化液会把昆虫消化吸收。

瓶子草科食虫植物包括瓶子草属（Sarracenia）、眼镜蛇瓶子草属（Darlingtonia）和南美瓶子草属（Heliamphora）。

瓶子草属植物的原生地主要是泥炭沼地的湿地，常年均处于湿润的状态。因此，人工栽植瓶子草，首选的植料应是活水苔，也可用泥炭土混合珍珠岩以"腰水"方法种植。珍珠岩利于根部的透气。

垂花太阳瓶子草（*Heliamphora nutans*）为分布在委内瑞拉、巴西以及圭亚那三国边境交界处特有的食虫植物。其海拔分布范围为1 200～2 800米。太阳瓶子草属产于南美洲高山湿地，由于原产地温度相对底，所以建议雨林缸养殖温度在15～25℃养殖，温度过高很容易导致死亡，尽量使用软水或纯净水养殖 ↻

↻ 澳大利亚西部特有的土瓶草（*Cephalotus follicularis*）具有"莫卡辛"鞋状捕虫笼。捕虫笼的笼口很显眼并会分泌蜜液。在唇的内缘具有唇齿，以防止捕虫笼内的猎物爬出。昆虫常常被它们唇上分泌的蜜液和类似花朵般的形状和颜色所吸引。上图中的德国巨人和捷克巨人杂交品种，成熟瓶口径可达5厘米左右

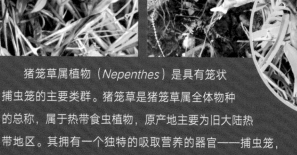

猪笼草属植物（*Nepenthes*）是具有笼状捕虫笼的主要类群。猪笼草是猪笼草属全体物种的总称，属于热带食虫植物，原产地主要为旧大陆热带地区。其拥有一个独特的吸取营养的器官——捕虫笼，捕虫笼呈圆筒形，笼口上具有盖子，因其形状像猪笼而得名。

　　猪笼草叶的构造复杂，分叶柄、叶身和卷须。卷须尾部扩大并反卷形成瓶状，可捕食昆虫。瓶状体的瓶盖覆面能分泌香味，引诱昆虫。瓶口光滑，昆虫会滑落瓶内，被瓶底分泌的液体淹死，虫体营养物质被分解，被植物逐渐消化吸收。

　　猪笼草的捕虫笼生长于笼蔓末端。猪笼草属约有170种，分布区西至马达加斯加，东至新喀里多尼亚。该属的分布中心

位于婆罗洲、苏门答腊和菲律宾群岛，可算是一种颇具东南亚特色的植物。大多数猪笼草生长在热带山地，它们的叶片上部特化为一种罐状的捕虫囊，囊中有液体。在自然界中，植物往往被动物所食，但猪笼草"守株待兔"，享用上了昆虫大餐。

◖◑ 捕蝇草（*Dionaea muscipula*）属于维管植物的一种，是很受园艺爱好者喜爱的食虫植物，拥有完整的根、茎、叶、花朵和种子。它的叶片是最主要并且最明显的部位，拥有捕食昆虫的功能，外观明显的刺毛和红色的无柄腺部位，样貌好似张牙利爪的血盆大口。顶端长有一个酷似"贝壳"的捕虫夹，且能分泌蜜汁，当有小虫闯入时，能以极快的速度将其夹住，并消化吸收。是原产于北美洲的一种多年生草本植物

Drosera adelae

◑ 茅膏菜属植物（*Drosera* Linn.），多年生陆生草本。根茎短，叶互生或基生而密集成莲座状，植物体有多种颜色，其叶面密被分泌黏液的腺毛。当小虫停落叶面时，即被黏液粘住，而腺毛又极敏感，有物一触，即向内和向下卷动，将昆虫紧压于叶面。当小虫逐渐被腺毛分泌的蛋白质分解酶所消化后，此腺毛复张开而又分泌黏液，故在此等植物的叶面上常可见小虫的躯壳

Drosera paradoxa

Drosera filiformis

Pinguicula primuliflora

⋔ 狸藻（*Utricularia sandersonii*）为岩生草本植物，是具有可活动囊状捕虫结构的小型食虫植物，能将小生物吸入囊中，并消化吸收

　　狸藻品种众多，形态各异，一般都成片生长在湿地、池塘甚至是热带雨林长满苔藓的树干上，多数有漫长的花期，会开出成片可爱的小花。

⋔ 捕虫堇属于狸藻科捕虫堇属（*Pingui-cula*），全属约130种，世界较多地区都有分布，以墨西哥和欧洲地区品种最多，多数生于高山潮湿岩壁上，也有部分生于湿地沼泽中。基生呈莲座状，脆嫩多汁，干时膜质，是一种黏液型的食虫植物

Drosera binata

Drosera adelae

Drosera spathulata

天南星科植物

天南星科植物是单子叶植物中变化最多的成员，在日常生活中常常会把它们作为家中盆栽养殖。天南星植物品种相当多，其变化多端的叶子甚至比秋海棠都要美。

天南星科植物包括半水生植物和陆生植物。在热带雨林中，植物密度非常大，在高大的乔木下，阳光是非常缺乏的，天南星植物大多为底层植物，它们为了生存，适应这种低光线的环境，不得不长出巨大的叶子用来吸收光线。一些附生性的天南星植物，幼体叶片很小，慢慢地，它们沿着树干爬升，叶子会慢慢变大，以吸收更多的光照。

天南星科花烛属是一个庞大的家族，火鹤花是单子叶植物纲天南星科花烛属多年生常绿草本植物。不少人认为火鹤花只有市场上的红色花品种，其实不然，花烛属包括700多个原种。天南星植物的花呈"佛焰苞"状（见P93），虽然不是很美，但是叶子巨大，原种花烛佛焰苞只有两种

是红色，其他大多为白色或绿色，花朵并不艳丽，但叶子花纹明显，是当今装点家居的一种流行网红植物品种。

花烛属植物（Anthurium）多见于南美洲北部的树干上或者云雾林中，少部分在石壁或者森林里，于安第斯山脉东侧1 500米以上的高地生长。也有部分低地花烛属植物，种类非常多，在市场上也可以见到自然杂交和人工杂交的品种。

花烛属植物对自然环境反应较慢，有时候一片叶子的生长周期需要数月，在家中种植花烛属植物时，经常出现植物来到家中很久没有生长变化，或者出现很长时间僵苗现象，但只要它适应了当地环境，又会快速生长。很多花烛属植物根部都会出现粗大的类似气生根，根系越粗的品种，越需要疏松、透气、透水的基质种植，如一些兰石、鹿沼土、珍珠岩等透水基质混合泥炭土种植效果最佳。

在市场上售卖的天南星植物常常叶片巨大，但只有少量的不定根，我们可以用水苔混合珍珠岩进行催根处理。但这只是暂时的，由于水苔后期会酸化不能长久使用。后期可以采取泥炭土、种植颗粒基质、不易吸水大颗粒基质混合种植，以比例2：5：3配土。

花烛适应温度为20～28℃，湿度60%以上。花烛叶柄细长，佛焰苞平出，革质并有蜡质光泽，可常年开花不断。

花烛花姿奇特美艳。花期持久，适合盆栽、切花或于庭园荫蔽处丛植美化。左下图的水晶花烛族群很多具有银白色带有荧光的花纹、深绿色的叶片，有极其强的反差色，也是市场上非常受欢迎的品种。

Anthurium clarinervium

维奇火鹤（*Anthurium veitchii*），
原产于哥伦比亚云雾林，叶型大且
长，因其巨大的皱褶的叶片被爱好
者称为"火鹤王"

天南星科植物产于热带、亚热带及温带地区，尤以热带分布较多，占90%以上。最大的属花烛属（*Anthurium*），其次为蔓绿绒（喜林芋）属（*Philodendron*），均产热带美洲、西印度群岛；天南星属（*Arisaema*）多产于亚洲、北美洲；千年健属（*Homalonmena*）一百多种，产于热带美洲、南美洲；崖角藤属（*Rhaphidophora*）上百种，产于印度、马来半岛；落檐属（*Schismatoglottis*）上百种，产于马来西亚及中国南部；魔芋属（*Amorphophallus*）近百种，产于全球热带、亚热带。海芋属（*Alocasia*）70种，热带亚洲及中国南部多见。

　　天南星科植物的花序外面常有一片形状特异的大型总苞片，称为佛焰苞，"佛焰苞"是因其形似庙里面供奉佛祖的烛台而得名。而整个"佛焰花序"，恰似一枝插着蜡烛的烛台。在某些物种上，柱头表面或多或少有黏性物质的液滴。它是雌蕊的分泌物，具有吸引昆虫的功能。

*Anthurium balaonum*的佛焰苞，会在叶柄基部长出

93

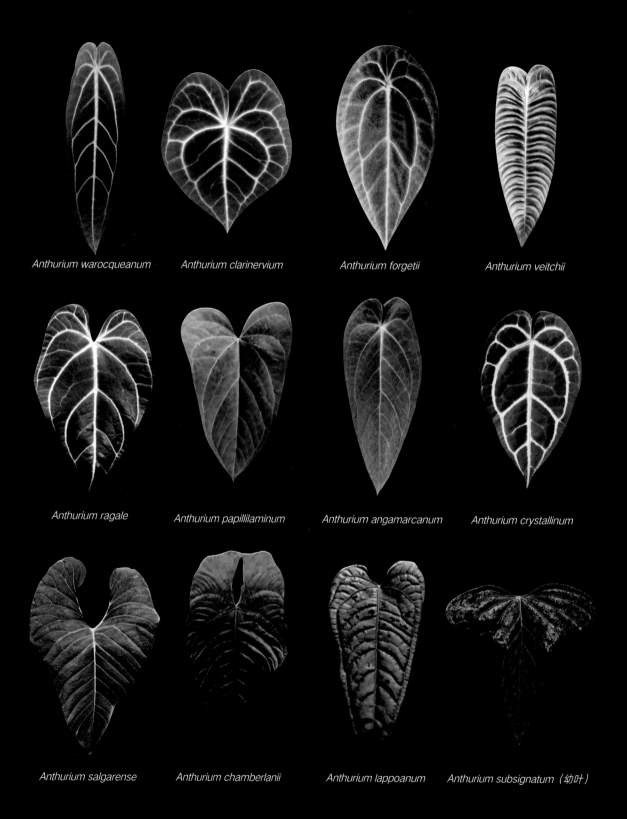

Anthurium warocqueanum   Anthurium clarinervium   Anthurium forgetii   Anthurium veitchii

Anthurium ragale   Anthurium papillilaminum   Anthurium angamarcanum   Anthurium crystallinum

Anthurium salgarense   Anthurium chamberlanii   Anthurium lappoanum   Anthurium subsignatum（幼叶）

花烛属植物*Anthurium*

花烛属植物大多来自中南美洲海拔1 000~2 000米。来自巴西亚马孙盆地，海拔1 000米以下的品种则比较好种植，不怕高温，产自安第斯山脉的1 500米以上的高地植物惧怕夏季的高温。

昼夜温差大，湿度大，很多原生环境中的花烛属植物为了争夺更多的阳光和抵抗夜间低温，叶型变得非常巨大，一两米的巨型叶片很常见。但在人工驯化后，叶片很难像原生环境的叶片那么大，因为很难提供原生环境的海拔、气压、温差等条件。

日本大阪鲜花竞放馆所展示的热带雨林区，运用了天南星科植物和蕨类植物组合的垂直雨林景观展示。蕨类、花烛和龟背竹属植物都有一定附生性，叶片大且奇特，火鹤皇后（*Anthurium warocqueanum*）和穿孔藤定植在墙体上生长出大大的叶片，十分具有"雨林感"。

在养殖时，要给它们预留足够的生长空间，可使用透气的颗粒混合营养土养殖，并保持一定的环境湿度。它们对肥料要求不高，不宜重肥。虽然花烛属植物普遍生长缓慢，但一旦适应了它们喜欢的环境，也会变成非常美丽的家居点缀。

Anthurium magnificum

蔓绿绒（*Philodendron*）也是一个庞大的家族，是和花烛属植物一样生活在南美洲的热带雨林植物，大多生活在雨林低地，是天南星科第二大家族。

蔓绿绒大多有蔓生攀爬性，但也有一些像鸟巢那样的植株形态，一般叶片革质，但大体相对于花烛属植物来说较柔软，根部相对花烛属植物更细。有些叶片具有荧光光泽，凹凸纹理，生活条件和花烛属植物相近，可以当作伴生植物养殖。一些大叶片的蔓绿绒近年来受到追捧，是装点家居和雨林缸的明星物种，在雨林缸中可作为大叶型爬藤附生植物使用，也可用于低地雨林景观的中前景植物，用于增加景观的焦点透视。

这类植物喜爱温暖湿润半阴环境，适合生长在富含腐殖质的透气性土壤中。湿度60%以上，温度20～28℃为宜，散光照射养殖。

↻ *Pholodendron macdowell*，是荣耀蔓绿绒和帕斯塔蔓绿绒杂交的品种，叶片凹凸质感明显，有不规则的沟壑纹理。这种大型天南星植物在热带雨林景观中可以置于缸体中前部，作为视觉的焦点位置，形成前后由大到小，由实到虚的透视关系

↻ *Philodendron patriciae*原产哥伦比亚西部热带雨林中，附生性植物，节间距短，成体叶片巨大且细长，带有皱褶感，像缎带一般，生长速度缓慢，成体可达一人多高，喜欢高湿度养殖环境

↻ *Philodendron verrucosum*，叶片彩色华丽，泛有荧光粉状的光泽，叶片背面往往呈现红橙相间的纹路，相当华美。分布在中美洲高地至南美安第斯山，叶柄有很细的毛，向上生长，养殖需要用攀爬柱来固定

新加坡动物园绿化区域的蔓绿绒（*Philodendron plowmanii*）和荣耀蔓绿绒（*Philodendron gloriosum*）、帕斯塔蔓绿绒（*Philodendron pastazanum*）一样是地生不会攀爬的蔓绿绒，叶长可达1米以上，有不规则的皱褶纹，叶面反光，具有纹质，生长初期和成熟叶斑纹上有很大差异，横向匍匐生长，养殖中要预留足够大的空间

Philodendron melanochrysum

Philodendron gloriosum

Philodendron
verrucosum x melanochrysum

Philodendron Florida

Philodendron esmeraldense

Philodendron sodiroi

Philodendron mamei

Philodendron asplundii

海芋属的观音莲Alocasia 是亚洲雨林中和火鹤花烛、蔓绿绒可媲美的观叶植物，一些园艺种具有夸张的叶面斑纹，有大型海芋（如滴水观音，黄金海芋等）和小型海芋两种。小型海芋分布于东南亚山坡岩石间隙。大型海芋比较耐寒，小型海芋比较怕寒，冬季小于15℃需要控水。大多在市场上看到的颜色丰富造型奇特的园艺海芋大多属于小型海芋。

海芋属植物大多数为多年生，冬季要保持较高温度，种植需要保持土壤干净，避免滋生细菌导致植物腐败。可选择颗粒土、赤玉土、珍珠岩和泥炭土组合，保证土壤透气性，小环境湿度60%以上。喜欢半阴环境的林下层，可分株繁殖。

Alocasia reversa　　　　*Alocasia Micholitziana* 'Frydek'

Alocasia silver dragon　　*Alocasia dragon scale*　　*Alocasia cuprea red*　　*Alocasia* 'Sarian'

Alocasia 'reginae'　　*Alocasia watsoniana*　　*Alocasia amazonica*　　*Alocasia* Macrorrhiza Variegated

Caladium 'Thai beauty'

Caladium 'Candidum'

　　五彩芋〔*Caladium bicolor*〕又名彩叶芋，天南星科五彩芋属多年生常绿草本植物。五彩芋色泽美丽，变种极多。在泰国兴起的改良品种，地下具膨大块茎，扁球形。五彩芋原产于南美，喜高温、高湿和半阴环境，不耐低温，要求土壤疏松、肥沃和排水良好。

　　五彩芋适于温室栽培观赏，夏季是五彩芋的主要观赏期，叶子色彩斑斓。入秋叶渐零乱，冬季容易叶枯黄，进入休眠期，到春末夏初又开始萌芽生长。

Caladium 'Postman jayner'

 *Anthurium jimenae*

仅在厄瓜多尔太平洋山地上海拔600~750
米的普蕾蒙塔纳森林中生长。三角形鳍状的
叶片长50~120厘米，宽60~100厘米，从
叶柄垂下。叶柄长45~150厘米，次生脉在
上方凹陷，在下方凸起花序直立展开，梗长
21~50厘米，直径1厘米，正面有横条纹和
钝角。主脉下方略苍白，初侧脉14~16对，
35~50°角向边缘弯曲

Anthurium salgarense 和*Anthurium decipiens*
生于西部安第斯山脉塔塔马山地附近，都是非常潮湿
的云雾林环境

 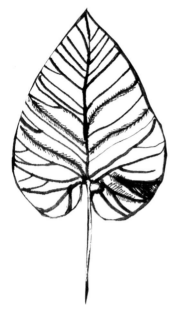

Anthurium salgarense

叶片是狭窄圆形，深绿色。叶表有光泽。侧脉12~14条。
中肋基部突起，叶片边缘锋利，卵形心状。分布于哥伦比
亚，海拔900~1 800米的热带森林，适应干旱气候，陡峭
岩石。其佛焰苞淡橙色或黄色，花序梗长124~153厘米，
绿色花梗

◔ *Anthurium jaramilloi* Goat & Rodiguer ENDESA
陆生或附生，茎长60厘米。节间短，长0.5～1.3厘
米。叶柄长10～25厘米，红褐色。具有凹陷叶片，
上方凹陷，下部分明显地凸起，以Pime jaramilloi
名字命名

Anthurium decipiens

◔ *Syngonium steyermarkii*
分布于危地马拉和墨西哥东南部，海拔1 250米。
特点：与其他*Syngonium*不同的是，它们不在同一时间成熟，并且茎秆的雌蕊部分大
于雄蕊部分。叶子表面为锦缎质感，有光泽，鱼骨造型，中脉和侧脉在上表面凹陷。花
序直立，长为13厘米，直径1厘米，成乙状。茎部长5.5～7厘米

Anthurium
Verrucossum x melanochrysum

Anthurium cutucuense

近年来随着社会发展，人们对美的追求不断提高，家中绿植摆放也是多种多样，这些天南星科植物不需要太多光照，正适合家中或者阳台陈列。天南星观叶植物多，叶片奇特，很多人也拿天南星科植物来打造完美的居室空间。很多天南星科植物具有"吐水"现象，这是植物的一种正常生理活动，主要是因为在潮湿环境下，蒸腾作用减缓，植物从叶片水孔将水分排出，这种现象能提高家中的湿度。

Anthurium regale

Anthurium lappoanum

Anthurium decipens

Anthurium brownii

它们试图爬到树冠层。幼叶往往没有开背，需要生长成巨大的成体才会长出裂叶或洞叶。生长在雨林的底部时，往往茎间距离很长，直到长到树冠，才会有很短的茎，寻找阳光充分地生长，成熟叶变化巨大。

🔼 龟背竹杜比亚（*Monstera dubia*），幼叶也是贴着垂直体贴面攀爬，在幼叶时期的生长方式和东南亚针房藤极为相似，成熟叶渐渐变大出现孔洞和裂叶

🔼 针房藤（*Rhaphidophora foraminifera*），拍摄于婆罗洲石灰岩质地的雨林中，半附生植物。生长方式是种子从地上发芽生长，借助树干爬到树冠层，长出成熟叶，出现裂叶或孔洞等

🔼 马来西亚吉隆坡北部雨林发现的常见星点藤（*Scindapsus pictus*）

🔼 *Rhaphidophora korthalsii schott*，可以攀附在垂直墙面上的针房藤

🔼 马来西亚雪兰莪洲发现的落檐属植物

迷彩粗肋草
（*Aglaonema pictum* 'Tricolor'）

产于婆罗洲沙捞越石灰岩壁或树阴下的千年健
（*Homalomena* sp.）

"锦",形容植物的一种常见突变状态,很多玩家,很痴迷购买这些"变化多端"的锦化植物。

龟背竹原本生长在墨西哥南部和危地马拉的热带丛林里面,它是一种非常容易生长的观叶植物,锦化龟背竹由于白锦部分没有叶绿素,所以在养殖的时候往往没有全绿龟背竹好养,不是容易焦叶就是会出现全绿和全白叶片现象。

由于只有叶片绿色部分可以进行光合作用,因此要适当给植物一定的明亮散射光线,最好是放在朝东或朝北的窗台或阳台边,每天给它补充3~6小时的散射光,要避免阳光直射。除了补充适当的光照,还要注意定期补充水分,保持较高的小环境空气湿度,在室内要定期喷雾状水保持较高的相对湿度。选择透气疏松的植材进行种植。

ᴖ *Polyscias*

ᴖ *Monstera deliciosa 'Aurea' variegata*

ᴖ *Alocasia macrorrhiza variegated*

ᴖ *Monstera deliciosa* var.*borsigiana* 'Albo' *variegata*

蕨类植物

蕨类植物门Pteridophyta 是高等植物的一大类群，同时也是高等植物中较低级的一类。常为高大木本植物，盛繁于晚古生代。地球上最早的植物为蓝藻，之后在陆地出现了蕨类，至现代多为草本。蕨类可分五亚门：松叶蕨亚门、石松亚门、水韭亚门、楔叶亚门、真蕨亚门。

蕨类植物大多为土生、石生或附生，少数为湿生或水生。喜阴湿温暖的环境。高山、平原、森林、草地、溪沟、岩隙和沼泽中，都有蕨类植物生活。

蕨类植物又称羊齿植物，是一群进化水平最高的孢子植物。生活史为孢子体发达的异形世代交替。孢子体有根、茎、叶的分化，有较原始的维管组织。配子体微小，绿色自养或与真菌共生，有根、茎、叶的分化。有性生殖器官为精子器和颈卵器。无种子。现存约12 000种，广泛分布在世界各地，尤以热带、亚热带地区种类繁多。大多为土生、石生或附生，少数为湿生或水生，喜阴湿温暖的环境。我国约有2 600种，主要分布在长江以南各省区。

蕨类植物除了树蕨和木贼外，大多是叶片发达，茎并不发达，很多蕨没有主根，只有不定根，往往长在叶片的茎上。生长方式有匍匐式生长和直立型生长，一些根状茎常常斜生或横走。在景观中生长一段时间会形成群生状，桫椤科植物大多直立生长。蕨类植物出叶方式复杂，叶形变化多，幼叶大多呈"拳卷式"，长大以后分为叶柄和叶片部分，叶形分单叶、掌叶，一回羽裂、多回羽裂等。

⋂ 幼叶大多呈"拳卷式"，也是蕨类植物明显的特征之一，十分具有观赏性

蕨类的种类非常之多，蕨类中孢子囊群的形状和排列方式有着重要的分类价值 ⋃

孢子繁殖，是蕨类的繁殖方式，孢子繁殖不像种子繁殖那么简单，孢子繁殖需要先长出原叶体，然后等待原叶体内雄配子雌配子结合，在一定湿度前提下才可以生长出新的幼体。图中蕨类拍自天目山丛林溪边正在孢子繁殖的东方狗脊蕨（Woodwardia prolifera），它属于乌毛蕨科、狗脊蕨属植物，直接在叶片上萌发幼株。"胎生"狗脊蕨为羽状复叶，每个小叶间会萌生一棵或几棵小植株，并能正常成长。直到叶片枯萎

铁线蕨（*Adiantum capillus*）是凤尾蕨科，书带蕨亚科，铁线蕨属，铁线蕨属陆生中小形蕨类植物。根状茎细长横走，叶片卵状三角形，尖头，基部楔形，羽片互生，长圆状卵形，圆钝头，囊群盖长形、长肾形或圆肾形，淡黄绿色。广布于中国台湾、福建、广东、广西、北京等地。常生于流水溪旁石灰岩上或石灰岩洞底和滴水岩壁上。

家养铁线蕨经常会遇到黑叶或枯黄以至于死亡的状态，铁线蕨喜欢湿润通风的气候，所以应该安排在雨林缸中置于长期稳定的湿润通风环境

Adiantum tenerum

⋂ *Adiantum raddianum*，拍摄于中国四川青城山，叶片上有许多缺刻，有种满天星的感觉，晶莹剔透，市场上也有很多园艺种

⋂ 荷叶铁线蕨（*Adiantum nelumboides*）是铁线蕨属陆生中小形蕨类植物，植株高可达20厘米。根状茎短而直立，叶簇生，单叶，上面围绕着叶柄着生处，形成同心圆圈，分布于中国四川。成片生长在海拔350米的覆有薄土的岩石上及石缝中

强光下的扇叶铁线蕨（*Adiantum flabellulatum*）

里白（*Diplopterygium glaucum*）是里白科、里白属陆生蕨类植物，植株高约1.5米。根状茎横走，一回羽片对生，分布于中国浙江、湖北、四川、福建、台湾、广东、广西、贵州、云南。日本及印度也有分布。

膜蕨科（Hymenophyllaceae），分布于亚洲南部、西南部及东部。根状茎通常横走，一般不具根，有辐射对称排列的叶，幼时常被易脱落的多细胞节状细毛。

叶片成半透明状态，生活在雨林地被层阴暗潮湿的树木或者地表，由于叶片非常薄，所以不耐强光。在市场上经常看到膜蕨被当作一种水草出售，其实膜蕨虽然喜欢潮湿状态环境，但是不耐水，不可以生长在水中。虽然在雨林中会看到很多膜蕨，但是它一旦离开了高水汽、凉爽通风的环境，就很容易死亡，在家中养殖比较困难。

⋔ 华东膜蕨
（*Hymenophyllum barbatum*）

⋔ 细叶蕗蕨（*Hymenophyllum polyanthos* Sw.），膜蕨属，全世界热带至温带山区，云雾林地区常见蕨类

⮌ 眉刷蕨（*Actiniopteris semiflabellata*）小型蕨类，因其像棕榈树所以又叫棕榈蕨，喜长岩石缝隙中

⮌ 团扇蕨（*Crepidomanes minutum*）是膜蕨科，团扇蕨属植物。植株高1.5~2厘米，暗绿褐色。叶为薄膜质，半透明。团扇蕨多成片地附生于林下阴湿石上或树上

110

水龙骨科（Polypodiaceae），槲蕨亚科（Drynarioideae），槲蕨属（*Drynaria*），蕨类植物，通常附生岩石上或附生树干上，螺旋状攀缘，大型种居多。盾状着生，边缘有齿。叶干后纸质，成熟有圆形孢子囊群，混生有大量腺毛。

槲蕨的一大特点和鸟巢蕨很相似，硕大的叶片向上伸展，可以接住从树冠层落下的叶片来给自己吸收更多的养分生长。这也是"空中花园"常常见到的蕨类。

↑ 水龙骨科假瘤蕨属（*Phymatopteris*），附生或土生。根状茎细长而横走，木质，叶通常一型，少数二型或近二型；叶片单叶不分裂，呈条形、卵圆形或卵状披针形，边缘全缘，或有缺刻或锯齿，主脉和侧脉明显，小脉网状，具内藏小脉。孢子囊群圆形，通常叶表面生，孢子椭圆形，约有60种，分布于亚洲热带亚热带山地

↑ 带状瓶尔小草（*Ophioglossum pendulum*），瓶尔小草属，附生植物，叶下垂，长可达100厘米，附生在热带地区树干上，分布于亚洲和太平洋岛屿

　　宽叶鸟巢蕨（*Asplenium nidus*）为铁角蕨科巢蕨属下的一个种，属多年生阴生草本观叶植物，植株高80～100厘米。鸟巢蕨是一种附生的蕨类植物，原生于亚洲东南部、澳大利亚东部、印度尼西亚、印度和非洲东部等国家和地区，在中国热带地区广泛分布。上图拍摄于新加坡双溪布罗湿地。

　　鸟巢蕨为中型附生蕨，株形为星漏斗状或鸟巢状，株高60～120厘米。根状茎短而直立，柄粗壮而密生大团海绵状须根，能吸收大量水分。叶簇生，辐射状排列于根状茎顶部，中空如巢形结构，能收集落叶及鸟粪；革质叶阔披针形，长100厘米左右，中部宽9～15厘米，两面滑润，叶脉两面稍隆起。

鸟巢蕨常附生于雨林或季雨林内树干上或林下岩石上。团集成丛的鸟巢蕨能承接大量枯枝落叶、飞鸟粪便和雨水，这些物质转化为腐殖质，可作为自己的养分，这些习性和积水凤梨非常像。同时还可为其他热带附生植物，如兰花和其他的热带附生蕨提供定居的条件。鸟巢蕨喜温暖、潮湿和较强散射光的半阴环境。莲座型的鸟巢蕨像一把大伞，十分具有张力，在雨林景观中表现力很强，成体巨大，养殖难度不高，适当的光线的充足的湿度就可以长成很大的叶片，但不要忽视在景观中若植株过于大会影响景观的整体感。

🎧 皱叶鸟巢蕨（*Asplenium nidus* cv.Crisped）

我们在雨林景观设计中，需要合理运用鸟巢蕨的株形特点，把它们安置在树杈间，形成一把空中的"雨伞"，这样的设计更符合现实中鸟巢蕨的位置特征。左图拍自海南吊罗山自然保护区。

卷柏科的藤卷柏（*Selaginella willdenowii*）为多年生草本。茎伏地蔓生，常生活在林下灌丛中，分枝处常生不定根，多分枝。其羽叶细密，并会发出蓝宝石般的光泽。在弱光下很多雨林植物会呈现出梦幻的蓝色，如水龙骨科（*Microsorum thailandicum*）泰国星蕨、心叶蹄盖蕨、孔雀秋海棠等

小卷柏（*Selaginella helvetica*），生长在森林潮湿阴凉处，中国大陆南部地区常见。图片拍摄于青城山阴处岩石石壁或石逢中，和苔藓混生

卷柏属（*Selaginella mollendorffii*），分布于中南半岛、中国大陆、日本冲绳

石松属（*Lycopodium*）、石杉属（*Huperzia*）、小石松属（*Lycopodiella*）均属于石松科，现今大多园艺通常叫法为石松。石松属（*Lycopodium*）是蕨类植物门石松科（*Lycopodiaceae*）下的一个属，该属均为多年生中型土生植物植物，全球广布。石松植物是一种原始的蕨类植物，主要的特征就是，具有小型叶，孢子囊着生于叶的上表面或是叶腋处。

植物园及热带雨林景观里面都不可缺少的植物就是石松，很多人把石松吊挂在大树上，以增加景观的"雨林感"，因此栽培石松很普遍。但人工驯化养殖并不容易。石松属有很多成员，大部分叶片比较硬，买到家一段时间没什么变化，其实我们发现它变化时往往已经死亡，原因很多，石松生长在高海拔的云雾林中，遇到环境变化，容易造成死亡现象。适合养殖的石松有杉叶石松、扁叶石松、蓝叶石松、垂枝石松等。其中杉叶石松属于比较好养殖的品种，对环境耐受力强。

很多人买来石松，根部用水苔包裹种植，但水苔吸水性强，一段时间水苔酸化，石松从根部腐烂，容易导致植物死亡，所以建议用透水好的基质种植，比如椰壳、树皮、珍珠岩等。浇水喷淋也要遵循"见湿见干"的养殖方式。

↻ 扁叶石松（*Huperzia nummulariifolia*），市场上常出现的一种适合景观设计初学者养殖的石杉属植物，泰国农场经常可以看到，石松喜欢高湿环境，但不耐水，养殖中不要把水直接喷在石松上，往往会造成腐烂枯萎现象。

↟ 原产南美洲高山云雾林的石松（*Huperzia linifolia*）

↟ 杉叶石松（*Lycopodium squarrosum*）

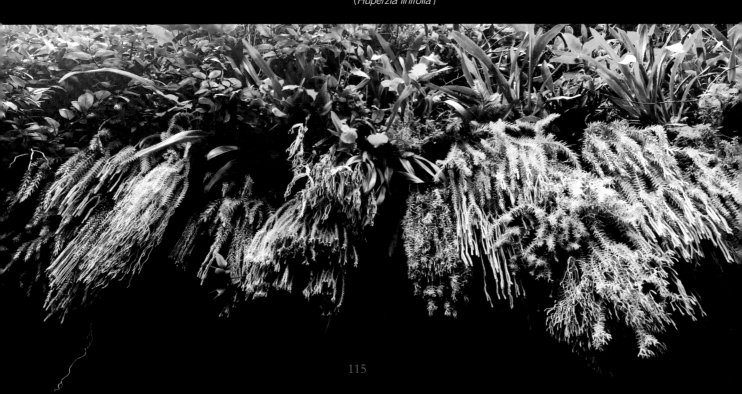

❶ 鹿角蕨为水龙骨科（Polypodiaceae）鹿角蕨属（Platycerium）植物

鹿角蕨是观赏蕨中姿态最奇特的一类，附生在赤道雨林或者季风雨林的树上或岩石上成簇生长。直立、伸展或下垂，孢子黄色，全球共有18个品种。属附生性观赏蕨。具有两种叶型，一是冠状营养叶，包裹着根部，自然界营养叶来收集雨水和空中的落叶灰尘当作养分；另一种是孢子叶，孢子长在叶子背面或尖部。鹿角蕨可用于公园、植物园、商店、居室、窗台等地方的装饰。

❶ 狼尾蕨 骨碎补蕨 (Dauallia bullata)

宿根观叶植物，是非常著名的绿化空气花卉，骨碎补科骨碎补属植物。根茎裸露在外，肉质，长约6～12厘米，表面贴伏着褐色鳞片与毛，形似狼尾，大多称之为狼尾蕨。广泛应用于室内花卉和雨林景观中，是十分耐阴的蕨类品种，适合半干旱半湿润的环境中生长，具有极高的观赏价值。

❶ 猴脑鹿角蕨（Platycerium ridleyi），水龙骨科（Polypodiaceae）鹿角蕨属

猴脑鹿角蕨又名马来鹿角蕨，原产于马来半岛、婆罗洲北部及苏门答腊岛之中部。具有两种叶型，营养叶圆形包覆且像猴脑状的不规则凹凸感，不上扬，具放射状隆起之叶脉；孢子叶短而上扬，需要良好光照和通风，是怕寒冷的鹿角蕨。

❶ 蓝星水龙骨（Platycerium aureum），通常情况称它为蓝星蕨

之所以把它称为"蓝星"，主要还是因为它的叶片覆盖有一层薄薄的蓝色蜡质粉，这也是为什么它看起来有这种银灰色质感的原因。一般来说，有这种蓝色蜡质粉的植物，我们要把它养在阳光相对充足的地方。

❶ 银鹿鹿角蕨（Platycerium veitchii）

银鹿鹿角蕨原产于澳洲，孢子叶硬且上扬，有白色茸毛。原生半沙漠化地带，非常耐旱，喜强光，叶子尖端有褐色孢子囊。

❶ 槐叶萍（Salvinia natans）

属于蕨类植物门槐叶萍科（Salviniaceae），一年生浮水性蕨类水生植物，水下根状体为沉水叶，常见于水田、沟塘和静水溪河内。喜欢生长在温暖、无污染的静水水域上。

↷ 肾蕨（*Nephrolepis cordifolia*）

　　这种植物附生或土生。根状茎直立，下部有粗铁丝状的匍匐茎向四方横展，叶簇生，叶片线状披针形或狭披针形，一回羽状，互生，叶脉明显。原产热带和亚热带地区，中国华南各地山地林源有野生。常地生和附生于溪边林下的石缝中和树干上。喜温暖潮润和半阴环境，肾蕨属植物生命力强劲，生长迅速，常作为绿化带和垂吊园艺植物来运用。

↷（*Selaginella doederleinii* Hieron.）卷柏科，卷柏属土生蕨类植物

↷ 盾蕨（*Neolepisorus sinensis*）

　　这种植物为水龙骨科盾蕨属多年生草本。喜温暖湿润及半阴的环境，散射光利于其生长，但不能忍受强光直射。耐寒冷及干旱。喜欢土质肥沃、通透性好的土壤。产于福建、浙江、安徽。采用孢子繁殖和分株繁殖。

⊂ 金毛狗蕨（*Cibotium barometz*），为大型树状金毛狗科（*Cibotiaceae*）金毛狗属的陆生蕨，植株高 1 ~ 3 米，株型似树蕨，根状茎平卧、粗大，露出地面部分密被金黄色长茸毛，状似伏地的金毛狗头，故称金毛狗蕨

　　市场上金毛狗蕨、观音坐莲蕨等可以当作观赏蕨类养殖，然而它们适应了潮湿的亚热带气候，而且需要充足的阳光和一定的海拔高度，往往和我们平时了解的蕨类养殖并不一样。所以这些树蕨品种到了家中很难适应环境、不好养殖，一段时间体内养分消耗殆尽就会面临死亡。

↷ 贴生石苇（*Pyrrosia adnascens*）

　　水龙骨科石苇属。这种植物攀缘附生于树干和岩石上。印度、马来西亚、印度尼西亚均有分布。

↷ 贯众蕨（*Cyrtomium falcatum*）

　　这种植物生长在低海拔潮湿环境，岩生或地生。分布较广，中国、越南、日本、韩国地区可见。

苦苣苔科植物

苦苣苔为双子叶植物纲合瓣花亚纲的一科。多为具根状茎的草本，少数为灌木或乔木。叶对生或基生，稀轮生或互生，花通常组成聚伞花序，两性，辐射对称或左右对称。花冠钟状或辐射状，多数两唇形，雄蕊全部能育，约140属，2 000余种，分布于亚洲东部和南部、非洲、欧洲南部、大洋洲、南美洲及墨西哥的热带至温带地区。近年来园艺育种较多，作为室内外观花花卉使用。

在野外，苦苣苔大多生长在赤道雨林山涧瀑布边或者季风雨林的岩石缝隙、岩壁苔藓中，也有些附生在树木上的。苦苣苔喜欢潮湿的环境，在东南亚原生地，很多苦苣苔和秋海棠伴生，因为它们需要的生存条件很相似。岩生苦苣苔虽然处在阴湿环境，但也需要一定时间的阳光。

牛耳朵（*Chirita eburnea* Hance）是苦苣苔科、唇柱苣苔属植物，多年生草本，具粗根状茎。叶均基生，肉质；叶片卵形或狭卵形，聚伞花序2~6条，花期4—7月。分布于中国广东北部、广西北部、贵州、湖南东南部、四川南部及东部、湖北西部。生长于海拔100~1 500米的石灰山林中石上或沟边林下。

在石灰岩的狭窄狭缝中，往往会沉积少量腐叶和土壤，这狭小的空间给了苦苣苔生存的条件，阴暗潮湿，苔藓的附着都很适合苦苣苔的生长，下图的唇柱苣苔拍摄于湖南江永县兰溪瑶族乡的喀斯特岩石中。在大自然中，往往在不经意间，石灰岩质地岩石缝中都会发现苦苣苔的踪影。

我国苦苣苔科植物资源丰富，类型众多，如唇柱苣苔属，吊石苣苔属，芒毛苣苔属，蛛毛苣苔属等多种植物枝叶独特，花大且花朵颜色丰富，一些也被选育作为园艺品种。我国广西壮族自治区所发现的原生苦苣苔物种占全国苦苣苔比例的40%，非常丰富，大多生于石灰岩石山岩壁上。

⋒ 石莲花（*Corallodiscus flabellatus*）苦苣苔科、珊瑚苣苔属多年生草本植物。叶全部基生，莲座状，外层叶具长柄，内层叶无柄；叶片革质，宽倒卵形、扇形，稀近卵形，产于中国云南、四川及西藏东南部的山坡及林缘岩石石缝中，适应力极强

⋑ 盾叶苣苔（*Metapetrocosmea peltata*）是苦苣苔科盾叶苣苔属多年生草本植物，本属仅此一种，单属单种，此种只分布于中国海南省，主要生长在花岗岩或石灰岩为成土母质的山体岩壁岩隙间。多年生小草本。叶片草质，椭圆状卵形，少数小形叶宽卵形或近圆形，花序2～6条，右图拍于海南岛五指山海拔1 000米潮湿岩石上

旋蒴苣苔（*Boea hygrometrica*）是苦苣苔科、旋蒴苣苔属多年生草本植物。叶莲座状，无柄，叶片近圆形，边缘具牙齿或波状浅齿，聚伞花序伞状，筒长约5毫米，蒴果长圆形，种子卵圆形，7—8月开花，上图拍摄于北京房山森林石壁上

旋蒴苣苔分布较广，中国浙江、福建、江西、广东、广西、湖南、湖北、河南、山东、河北、辽宁、山西、陕西、四川及云南都有生长。在海拔200～1 320米的山坡、路旁、岩石上多见。

齿叶瑶山苣苔（*Dayaoshania cotinifolia*）是苦苣苔科瑶山苣苔属多年生草本植物。根状茎近圆柱形，叶片纸质，聚伞花序，苞片对生。分布于中国广西金秀大瑶山和梧州山区，生长于海拔860～1 200米的山地林中或路边林下

海豚花业属（Streptocarpella），又叫直立堇兰，原产于东非低纬度地区，苦苣苔科海角苣苔属（Streptocarpus），多年生草本植物。海豚花有着优雅的外形，圆形或长椭圆形，叶对生或轮生；花茎从叶腋长出，基部愈合成筒状，多数种类可以忍受高温

马铃苣苔（Oreocharis amabilis），为双子叶植物纲、苦苣苔科、马铃苣苔属的一种植物，近无茎草本，被锈色绵毛；卵形或椭圆形，背面有明显的网脉

喜阴花（Episcia cupreata）原产巴西、哥伦比亚，喜高温的苦苣苔科植物，许多没有鳞茎，多年生常绿草本。喜阴，花植株矮，高仅十几厘米，多具匍匐性，分枝多。叶对生，呈椭圆形，叶面多皱并密生茸毛，花单生或呈小簇生于叶腋间，花期春季至秋季

非洲堇（Saintpaulia）属苦苣苔科，非洲堇属多年生常绿草本植物，非洲堇没有储水的地下鳞茎，植株较矮，叶基部簇生，肉质，叶片多种形态，多数花朵集生于中央。花型及花色丰富，一年四季开花，市场常见苦苣苔植物，园艺品种很多，市场上很多园艺品种花非常大，颜色艳丽

岩桐属可分为以（*Sinningia speciosa*）为主所杂交的大型个体品种（称为大岩桐），以及以*Sinningia concinna*、*Sinningia pusilla*、*Sinningia eumorpha*、*Sinningia cardinails*等品种所繁殖出来的迷你品系（称为迷你岩桐）。

岩桐属（*Sinningia*）是苦苣苔科下的一个开花植物属，多生于热带季风或亚热带季风区域，其学名以19世纪德国波恩的植物学家Wilhelm Sinning命名，本属包括有65～70个品种，均为多年生草本块茎植物。

⋒ 迷你岩桐（*Sinningia pusilla*）与手掌大小对比，球型鳞茎，花朵非常之小

迷你岩桐（*Sinningia pusilla*），也叫"超迷"，株高不超过5厘米，全株布满细毛；叶子椭圆形，宽约3～5厘米；花冠呈长筒状，开口向下，花径约1.5～2厘米，紫色，花朵上有渐层，迷你岩桐的花期几近全年。迷你岩桐非常适合小型雨林缸里养殖，它的需光性比大岩桐低一点，最好能维持50％以上的空气湿度。由于迷你岩桐地下部会长出块茎，栽培介质必须排水良好，以免块茎腐烂。

⊂ 花脸苣苔（*Kohleria amabilis*），一种育种的多花性品种，白色底色配有粉紫色小圆点，花型较大，花期春夏，有鳞茎，需要温暖湿润环境养殖

⊃ 芒毛苣苔属（*Aeschynanthus*）附生小攀援亚灌木。茎细，直径约1毫米，被稍密的开展锈色柔毛，在节上生根，有分枝，花腋生。产自中国云南东南部1 200米的山地密林，雨林缸中可作为苦苣苔科垂挂攀缘植物，增加景观雨林感

⋒ 口红花（*Aeschynanthus pulcher*），是苦苣苔科，芒毛苣苔属常附生小灌木，叶对生，叶片革质，花数朵簇生茎或短枝顶端，花萼钟状筒形，花冠橘红色。口红花分布较广，常生于海拔1 000～1 900米山地林中树上。是附生性苦苣苔最大的属，生长适温为21～26℃，口红花鲜艳美丽，适于盆栽悬挂，为观叶、观花的优良品种

● 野牡丹藤花朵往往艳丽且很大。市场上的宝莲灯（*Medinilla magnifica*）就是典型的野牡丹科酸脚杆属植物

野牡丹科植物

野牡丹科（*Melastomataceae*）是一个相当大的科，生长在亚洲雨林里，双子叶植物、纲蔷薇亚纲一个较大的科，植物的体态变异也较大，从草本到乔木，直立到攀缘，从陆生、附生到湿生，甚至水生。约240属，3 000余种，分布于各大洲热带及亚热带地区，以美洲最多。我国有25属，160种，25变种，产于西藏至台湾、长江流域以南各省区。

野牡丹科酸脚杆属（*Medinilla Gaudich*），直立或攀缘灌木，或小乔木。树皮木栓化，陆生或附生；叶对生或轮生，全缘或具齿；约400种，分布于东半球热带地区，中国约15种，产于西南部至东南部。

● 锦香草为野牡丹科锦香草属（*Phyllagathis cavaleriei*），分布于中国湖南、广西、贵州、云南等地

● *Melastoma candidum* D. Don.茎钝四棱形或近圆柱形，花瓣玫瑰红色或粉红色

● ● 在婆罗洲常见的野牡丹科锦香草植物*Phyllagathis stellata*

● 新加坡滨海花园云雾林展厅运用大量野牡丹藤植物

蜂斗草（*Sonerila cantonensis*）为野牡丹科蜂斗草属草本或亚灌木。蜂斗草属植物叶片颜色形态多变，从而受到很多雨林爱好者的追捧，生长于海拔1000~1500米的山谷、山坡密林下阴湿的地方。来自东南亚热带雨林地区野牡丹科蜂斗草大多没有定种，所以市场上以其叶片颜色特征取名。

Sonerila sp.

Sonerila sp.

Sonerila sp.

Sonerila sp.

⋂ 野牡丹科蜂斗草属（*Sonerila* sp.），约170种，分布于亚洲热带地区，中国有10种。产于西南部至东南部，有些种类供药用

星空蜂斗草（*Sonerila* sp.）

⋂ 加里曼丹蜂斗草*Sonerila* sp. *from* Borneo (Temuyuk)。东南亚雨林里很多长相奇特、纹路变化丰富的植物，需要用开花形态来区分科属，此蜂斗草养殖驯化较难，需要质地松软土质，高湿度环境养殖。

其他科植物

虎耳草属植物（*Saxifraga*），多年生草本，高8～45厘米。鞭匐枝细长，具鳞片状叶，背面通常红紫色，大多有斑纹或斑点，能在暴露的石灰岩上生长，其根系坚韧而硬，常常用于湿润环境的山石造景或者水陆雨林景观中，是一种喜欢匍匐，非常容易成活的植物，中国大部分地区可见，原产中国或日本。日本姬虎耳由于小巧叶片奇特，可以在不同雅玩造景中运用。

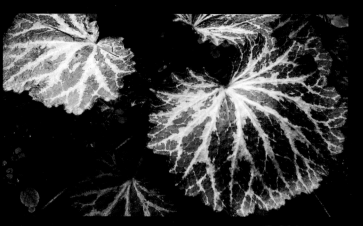

↻ 矾根（*Heuchera micrantha*）虎耳草科矾根属，原产于美国中部，多年生耐寒草本花卉，浅根性，喜阳光，也耐半阴，十分耐寒，当今用于园艺的彩色品种，可以快速形成景观，是少有的彩叶阴生地被植物

爵床科（Acanthaceae）双子叶植物纲，多为草本或灌木、稀藤本和乔木。叶对生；叶片卵形、长椭圆形或阔披针形，叶脉明显，穗状花序顶生或生于上部叶腋，圆柱形，密生多数小花

↻ 网纹草（*Fittonia verschaffeltii*）属多年生常绿草本植物。植株矮小，匍匐生长，叶十字对生，叶面具细致网纹。园艺种多，较容易种植。网纹草原分布南美洲热带地区。喜高温多湿和半阴环境，光照以散射光最好，适宜生长在含腐殖质丰富的沙质壤土，近年来水陆造景家居养殖非常普遍

↻ 黄脉爵床（*Sanchezia nobilis*）是爵床科、黄脉爵床属灌木，花常黄色。顶生穗状花序小，苞片大。原产厄瓜多尔。中国广东、海南、香港、云南等地植物园有栽培。性喜温暖湿润，生长适温为20～30℃，可扦插繁殖，在南方园艺多用于花坛景观设计

Gesneriaceae sp. (*Borneo*)

荨麻科（Urticaceae），草本、亚灌木或灌木，稀乔木或攀缘藤本，有时有刺毛；钟乳体点状、杆状或条形，在叶或有时在茎和花被的表皮细胞内隆起。双子叶植物，分布于热带和温带地区。

🔊 荨麻科楼梯草属（*Elatostema involucratum*），常见于温热潮湿林下岩石区域，分布于亚洲、大洋洲和非洲的热带和亚热带地区。中国约有137种，图片拍自四川都江堰青城山

↻ 皱叶冷水花（*Pilea mollis*）是荨麻科冷水花属的观叶植物，它是人工培育出的园艺品种，叶黄绿色，表面有皱纹，叶缘有锯齿，叶脉茶褐色，艳丽夺目，有淡粉红色的小花

↻ 花叶冷水花（*Pilea cadierei* Gagnep）荨麻科冷水花属，多年生草本；无毛，具葡匐根茎。托叶大，带绿色。分布于中国广西、广东，经长江流域中、下游诸省，生于山谷、溪旁或林下阴湿处

Ardisia Labisia

紫金牛属（Ardisia）是紫金牛科下的一个属，为常绿灌木植物，少数为乔木。叶互生，稀对生或近轮生，通常具腺点，聚伞或亚聚伞花序、伞形或亚伞形花序，或由上述花序组成的圆锥花序，或金字塔形大型圆锥花序，浆果核果状球形。该属共有300种，分布于热带和亚热带地区。

紫金牛科喜阴植物走马胎
（*Ardisia gigantifolia stapf*）

⋂ 泰缅边境的锦叶葡萄藤，叶片偏圆，幼叶纹路并不清晰

⋂ *Piper sylvaticum*，胡椒科攀爬植物，叶片具有金属光泽

⋂ 锦叶葡萄藤（*Cissus discolor*）

⋂ 羊蹄甲（*Bauhinia* Linn），羊蹄甲属600种植物的统称。乔木，灌木或攀缘藤本

⋂ 孔雀木（*Dizygotheca elegantissima*），五加科常绿观叶小乔木或灌木。叶面革质，暗绿色，状似细长的手指，具粗齿锯状的叶缘，呈放射状着生，交错排列

⋂ 附生榕属绒毛蔓绒（*Ficus xillosa*），拍摄于马来西亚雪兰莪州森林里，树上及石灰岩岩壁上有很多这种到处攀爬的榕属植物

⋂ 酢浆草属植物（*Oxalis*）多年生草本植物，全体有疏柔毛；茎匍匐或斜生，多分枝。叶互生，掌状复叶有3小叶，倒心形，小叶无柄

ⓝ 胡椒科（*Peperomia prostrata*）植物，匍匐或垂挂生长，叶卵圆形，质地半透明肉质状，具有花纹，由于长相形似纽扣，在市场上俗称"纽扣椒草"

ⓝ 叶蝉竹芋（*Maranta leuconeura*）是竹芋品类中较为少见的匍匐生长类，散射光养殖，冬季要保证环境温度在10℃以上

ⓝ 绒叶肖竹芋（*Calathea zebrina*）是竹芋科，肖竹芋属多年生中等大草本植物，叶片叶面深绿，有黄绿色的条纹，天鹅绒般质地，原产巴西

杜鹃花科，双子叶植物纲五桠果亚纲较大的科，木本植物，大多常绿，少数落叶，陆生或附生，分布南非和中国西南及西部，东南亚各岛。

ⓝ 蜜囊花（*Marcgravia sintenisii*）

ⓝ 南烛（*Vaccinium bracteatum*）杜鹃花科，越橘属常绿灌木或小乔木，分枝多，叶薄革质，总状花序顶生和腋生，分布于东南亚，南至南太平洋的新赫布里底群岛

ⓝ 胡椒科爬藤植物（*Piper clypeatum*），原产菲律宾巴拉望地区，叶片皱褶，附生能力强

❍ *Biophytum* DC.为酢浆草科感应草属植物，一年生或多年生分枝或不分枝草本；叶为偶数羽状复叶，聚生于茎顶；小叶对生；花小、黄色，排成伞形花序；分布于热带地区，中国有4种，产于南部和西南部，其中感应草*Biophytum sensitivum*（L.）DC.较常见

❍ 刺通草（*Trevesia palmata*）是五加科、刺通草属常绿小乔木，叶大，掌状5～9深裂，常在基部有扇形的弯缺裂片，先端渐尖至长渐尖或钝尖，边缘有粗锯齿（拍摄于泰国泰缅边境雨林地带）

❍ 吐烟花（*Pellionia repens*）是荨麻科赤车属植物，多年生草本，分布于我国云南、海南和越南及东南亚地区，每至花期，一缕缕轻烟就会从一朵朵花蕾中喷出来，就象吸烟一样吞云吐烟雾，其实那是花粉，更像人们在放烟花

柳叶菜科朱巧花（*Zauschneria californica*）

云叶兰（*Nephelaphyllum pulchrum*），具有和落叶一样的保护色，喜欢潮湿环境，可种植在雨林缸的中下部土壤中

马缨丹（*Lantana camara*）马鞭草科，植物直立或蔓性的灌木，花冠黄色或橙黄色，开花后不久转为深红色，原产美洲热带地区，中国华南地区作为园艺植物观赏

↑ 凤仙花属Impatiens 是双子叶植物纲、凤仙花科的一属植物，约500种，主要分布于东半球热带和温带地区，尤以山地和云雾林最多。黄花蔓凤仙花Impatiens repens，原产斯里兰卡，成体会呈现出藤蔓状，开黄花，喜欢湿润环境，可用于雨林缸造景

↑ 这种鸭跖草属植物（Commelina communis），株高约30~60厘米，叶长椭圆披针状，基部抱茎，叶上表面暗绿色，下表面暗紫色质地肥厚而略呈革质

⊂ 丝苇（Rhipsalis cereoides）是仙人掌科、丝苇属多年生草本的一种植物。是附生型多肉植物，植被悬垂型，分支多，有节，光滑，深绿色。花生长在折枝侧面，绿色或乳白色。果实球形，白色无毛。

原产马达加斯加，以及热带美洲。世界各地均有栽培，生长于森林、岩石区、内陆悬崖、山峰上。

↑ 红花石蒜（Lycoris radiata）是石蒜的一个变种，人们通常叫它彼岸花，多年生草本植物。伞形花序顶生，花鲜红，花被片狭倒披针形，向外翻卷，雄蕊及花柱伸出，姿态秀丽，性喜阴湿环境，宜生长于疏松肥沃的沙壤土，分植鳞茎繁殖。原产于中国和日本，世界各地广为栽培

↑ 这是一种西番莲属（Passiflora L.）爬藤植物，叶片呈现出紫色花纹，和葡萄科、胡椒科一样具有卷须，在雨林造景中可作为附生攀爬植物

⊂ 朱蕉（Cordyline fruticosa）为百合科、朱蕉属直立灌木植物，高1~3米，茎粗1~3厘米，叶聚生于茎或枝的上端，绿色或带紫红色，叶柄有槽，抱茎。朱蕉株形美观，色彩华丽高雅，具有较好的观赏性，泰国园艺种很多，黄绿紫红相间，很有特点

姜科植物

姜科（Zingiberaceae）是单子叶植物姜目的一科。本科约有47属，700种，主要分布在热带地区。中国有17属约120种，主要分布在南方各地。姜科是多年生草本，通常具有芳香，茎短，有匍匐的或块状的根茎，叶基部具有叶鞘；果实为蒴果，种子常具有假种皮。本科植物很多种类是重要的调味料和药用植物。叶基生或茎生，通常二行排列，少数螺旋状排列，叶片较大。花单生或组成穗状、总状或圆锥花序，生于具叶的茎上或单独由根茎发出，而生于花葶上。由于叶型大，花色鲜艳，在东南亚地区和中国南方广泛用于园艺的品种。

海南山姜（*Alpinia hainanensis*），是姜科，山姜属多年生草本植物，分布于中国广东海南，喜温暖湿润环境，选择排水良好、肥沃疏松的土壤种植，南方地区会看见海南山姜作为园艺植物栽培（图片拍摄于中国海南省吊罗山森林公园）。

拍自婆罗洲的气泡姜（*Zingiber ottensii*），花序的叶片好似气泡一般

Zingiberaceae alpinia novae pommeraniae

⮌ 孔雀姜是姜科，山柰属，宿根性草本植物；原产于泰国，地下有根茎，属于球根花卉。叶片上的纹路很像变形虫印花图案。细看会觉得更像孔雀尾羽的花纹，所以英文名字就通称为Peacock Ginger，喜阴凉环境，怕强光直射

⮌⮌ 马来半岛原种姜（*Zingiber spectabile*），在当地被作为观赏植物大量种植，多用于景观或者作为花卉欣赏

⮌ 花叶良姜（*Alpinia vittata*）是姜科、山姜属灌木，株高可达1~2米，具根茎，叶长椭圆形，两端渐尖，叶面深绿色，有金黄色富有光泽的纵斑纹。花叶良姜喜高温多湿环境，多用于景观绿地边缘及庭院一角，观赏效果良好

⮌ 火炬姜（*Etlingera elatior*）是姜科山姜属多年生草本植物，植株丛生，叶互生，头状花序由地下茎抽出，玫瑰花型，花瓣革质，表面光滑，亮丽如瓷，有50～100瓣不等。原产于非洲、南美洲、东南亚等热带地区，花期夏季

兰科植物

  兰科植物是种类最多的开花植物，是单子叶植物中的第一大科。它有18 000多种，大约占全世界所有开花植物的8%。有悠久的栽培历史和众多的品种，主要有中国兰和洋兰两大类。它们中许多适应于地方性的小生境，比如位于安第斯山谷或圭亚那雨林带的特普伊峡谷，并且数量稀少。有的在地面上生长，另有70%作为附生植物生长在树上。

  兰科植物能很好地适应冠层中的生活。它们的根有着很大的表面积，能够快速地吸收养料和水分。它们的次茎能够容纳大量的水用来度过干旱期。

  兰科植物产自全球热带地区和亚热带地区，少数种类也见于温带地区。有许多亚种、变种和变型。在我国，以云南、台湾、海南、广东、广西等省区种类最多。兰科植物常见地生、附生或草本，地生与草本种类常有块茎或肥厚的根状茎，附生种类常有由茎的一部分膨大而成的肉质假鳞茎。

兰科植物是雨林景观中重要的组成部分，石斛兰、石豆兰、万代兰、卡特兰、蝴蝶兰等洋兰都是我们经常用到的附生兰。一些地生兰，比如兜兰、宝石兰等，可以增加雨林景观色彩和种群的丰富。

很多人说兰花好养，但开花难，很多野生兰花更是需要长时间驯化。每种兰花有不同的花季，原生环境也不尽相同，海拔也不一样，我们很难在缸中模仿所有兰花都适应的环境，所以要了解每一种兰花的特点和生存环境。大多兰花不喜欢高温高湿的密闭环境，通风低温必不可少。湿度高的时候也可观察兰花气生根的表现。我们养殖兰花主要欣赏它花朵的奇特形态、绚丽的颜色。在花期中切记不要直接向花朵喷水，会导致花期减短。

附生兰科植物，其根部粗壮发达。其实这些根部不仅仅吸收水分和土壤中的无机盐，它还会长出气生根，用来支撑自己的身体，这些气生根还可以进行光合作用，这和很多植物有所不同。

Macodes petola 产于婆罗洲，叶片有闪电纹，在东南亚十分盛行。宝石兰（Jewel Orchid）是一个统称，包括金线兰、斑叶兰、血叶兰、彩叶兰、软叶兰、云叶兰、脉叶兰这几个属

⋂ *Pleurothallis neorinkei*

⋂ *Pleurothallis marthae*

⋂ 喜马拉雅盔兰（*Corybas himalaicus*）

⋂ 狐尾兰（*Rhynchostylis retusa*）
泰国产附生兰，花像狐狸尾巴一样

⋂ 蝴蝶叶上花（*Lepanthes larvina*）

⋂ 硬叶兰（*Cymbidium finlaysonianum*），蕙兰属中硬叶
片品种，拍摄于泰国考艾地区

⋂ 石斛兰，兰科植物之一，主要分布于亚洲热带和亚热带，澳大利亚和太平洋岛屿，中国大部分分布于西南、华南及台湾等地。石斛兰的主要品种有金钗石斛、密花石斛、鼓槌石斛等。石斛兰的植株由肉茎构成，茎粗，叶如竹叶，花葶从叶腋抽出，每葶有花七八朵，四面散开

⋒ 宝石兰（*Goodyera hispida*）可谓兰花家族的宝石。虽然大多数兰花生长有美丽的花朵，但人们种植宝石兰主要是为了观赏兰叶。大多数种类的宝石兰开的花很小，产于中国南部、东南亚和印度太平洋地区，包括新几内亚和婆罗洲的温暖、潮湿的热带雨林。它们需要种植在潮湿但排水良好的基质中。它们是出色的陆生植物，不需要很强烈的光照，在雨林缸底层，日光灯下也能生长得很好，但夏季怕高温

⋒ 石豆兰（*Bulbophyllum Thouars*）是对兰科石豆兰属植物的泛称，多年生常绿葡匐草本。气生根须状，白色。根茎纤细横生、具节，节上着生假鳞茎，绿色，卵圆形，每假鳞茎顶部着生叶片。生于山野阴山岩石及树干上

⋒ 金线莲（*Anoectochilus roxburghii*），地生兰或附生兰，草本，植株高8-18厘米。根状茎葡匐，茎直立，叶片卵圆形或卵形，上面暗紫色或黑紫色，具金红色带有绢丝光泽的美丽网脉，金线莲生于海拔50~1600米的常绿阔叶林下或沟谷阴湿处。产于中国、日本、泰国、老挝、越南、印度，孟加拉国也有分布

⋒ 这是一种石豆兰（*Bulbophyllum flabellum-veneris*），分布在东南亚地区海拔300~1 100米，花很特别，上下有洞口，可以让昆虫爬进爬出，然后达到给花授粉的目的

被誉为"花园城市"的新加坡，气候非常适合兰花的生长，在公共空间的园艺设计里，常常可以见到各式各样的兰花展示，图中全球排名前十的动物园——新加坡动物园的入口设计运用了兰花和空气凤梨松萝（*Tillandsia usneoides*）的组合。

为了更好地让人们观察迷你型兰花，滨海花园特地加了放大镜，可清楚地看到树干上种植的附生三尖兰，兰花周边布满苔藓，也使局部小环境湿润更有利于兰花生长 ↻

丽斑兰（*Lepanthes calodictyon*）花很小，叶片有着网纹花纹，绚丽多彩，这个属的兰花国内比较少见，通常在一片叶子上有一朵小花，该属属于养殖难度比较高的品种，在南美大多在高地低温区。

雨林缸养殖中可以把这种植物固定在树皮上或者用活水苔种植，干水苔一段时间后容易腐化产生菌类，不宜使用。

在全球有很多迷你型兰花，大多生活在墨西哥和巴西1 500米以上的云雾林，南美洲云雾林迷你型兰花丽斑兰、三尖兰就是代表。丽斑兰*Lepanthes*，名称来自拉丁文"缩小的花"。

Lepanthes esccobariana

Lepanthes ophioglossa

凤梨科植物

　　凤梨科植物多姿多彩，吸引着人们。形态各异的凤梨不止在雨林缸中发挥着主角的作用，在生活中也经常能看到。运用空气凤梨和积水凤梨组合来装点街道，在东南亚会经常看到。

凤梨科由空气凤梨亚科（Tillandsia）和积水凤梨亚科（Bromelioidead）、沙漠凤梨亚科（Pitcairnioideae）植物组成，是美洲大陆的特有植物，单子叶植物纲，姜亚纲的1科，该科植物多为短茎附生草本，约有44～46属2 000余种，是一个大科，原产于美洲热带地区，其他地区都是引进的。这里介绍的是用于景观设计的热带常见栽培植物，该科还有许多种供室内盆栽观赏。

我们在造景设计时通常认为，凤梨科植物就是空气凤梨和积水凤梨，其实在南美洲，这个家族非常的大，生长方式也不尽相同。造景时，通常我们把这类植物附生在树干上，其实在美洲原生环境中，很多凤梨生长在地面或者岩石上，所以我们在设计景观时，可以不拘一格，可多种方式使用，可用于雨林景观、街边花园、垂直绿化，甚至可在家中作为绿植栽培。

积水凤梨

积水凤梨是凤梨科积水凤梨亚科（Bromelioideae）植物的统称，有31个属800余种，大多数为附生性。它的植株中央由叶片形成一个碗状的空间，能够收集雨水，它的花朵也是从中间积水的区域开放。多数会结浆果和湿性种子，由鸟兽散播种子，多数叶片具棘刺。在美洲大陆，积水凤梨原种一部分生活在冠层。大多凤梨并不会有绚丽的色彩，叶片饱和度相对低，多生活在林下层树木或岩石上。但近年来，人们不断杂交出叶片炫彩夺目的品种以满足观赏需要，如五彩凤梨就是造景爱好者追捧的对象。

不少变出来的积水凤梨的色彩趋于想象，颜色的变化相当迷人。例如颜色最璀璨的五彩凤梨（Neoregelia），鲜艳的色彩变化挑逗人们的视觉神经，而且种类多样，从迷你型到超大型都有，适合运用在美化空间与庭院植栽设计中，也是雨林造景爱好者喜欢收集的品种，是雨林造景中一个重要的附生植物。由于其颜色亮丽，在景观中的地位十分显著。N属积水凤梨在国外流行已久，近年来，随着人们对品质的要求日益提高，逐渐开始在国内风行。

积水凤梨为半附生植物，最早的积水凤梨是生长在地被层，后期演化成附生形式，可以根部吸水进行养殖，也可以在雨林景观中附生在沉木上。其在自然界可以通过叶心储藏水分和接住树冠层落叶以及沙尘，通过叶片基部传递给根部提供全株营养。

积水凤梨叶子质硬且向上翘，能够贮存水分。这不仅为冠层的许多动物提供了饮用水源，而且也成为了一些物种的栖身之地。有大量的昆虫幼虫在这些"水池"里靠其他动物的喂养生活着，在美洲雨林里它也成为箭毒蛙蝌蚪的"托儿所"。雌蛙在叶子上或地面洞穴里产卵。当蝌蚪孵出后，它们就爬到母亲的背上，它们的母亲就将它们带向可以寄养它们"子女"并且没有天敌的凤梨叶子营造的"水坑"里。

在热带雨林造景中，我们大多使用的是杂交的五彩凤梨（*Neoregelia*）。这种凤梨颜色变化很多，在菲律宾和泰国可以看到很多杂交五彩凤梨，甚至街边绿化也会大量使用，这种园艺种凤梨经过杂交优选，可以变化出很丰富的纹理和颜色，是当今雨林造景的"明星品种"。

积水凤梨原产于热带地区，生长于热带雨林里，喜高温湿润的环境，具有一定的耐寒能力，温度在20~30℃时，生长迅速，冬季温度在10℃时不会产生冻害，但低于5℃时，需要采取保温措施。在培育环境中，对积水凤梨的养护，不仅要经常浇水，保持合适的温差也是不可缺少的，有充足的光照，日夜有合理的温差，凤梨叶片才会更加绚丽多姿。

盆栽养殖积水凤梨可以用大颗粒的椰壳种植，保证叶心有一定积水，基质长时间处于湿润状态，不要大量施肥，防止徒长，如果有条件可以增加昼夜温差，可以使植株颜色更加艳丽。

帝土凤梨（*Alcantarea imperialis*），凤梨科、帝土凤梨属多年生常绿草本，株高可达1.5米，多半很巨大。帝王凤梨大多生长在巴西沿大西洋森林区域岛山的悬崖峭壁上，少数生长于热带草原中露出地面的岩石上，有着十分顽强的生命力。帝王凤梨属是1995年从鹦哥凤梨属独立出来的一个新的属，叶互生，莲座式排列，花序顶生，圆锥花序。在热带地区可作为观赏植物，需要足够大的空间养殖。株型美观，常用于大型观赏温室栽培、盆栽适合窗台、阳台及室内摆放观赏。它们非常喜欢阳光，在赤道低海拔区域也可以长得很好

A属（*Aechmea*）蜻蜓凤梨，生长在南美洲低海拔区域，比较耐热，植株不大，叶型挺立，由于花纹绚丽，这个属的凤梨园艺杂交比较多，和斑马凤梨一样，市场上会经常看到盆栽形式的杂交品种

积水凤梨之名来自于植株中央由叶片所自然形成的碗状空间能够积聚雨水，这是叶片的生长点，也是开花的出花点。由于叶片包围密实，可以保持水分长时间不会流失，在广大的热带雨林中，可为蛙类等生物提供日常所需要的水分，其后代诸如蝌蚪在此也能有良好的生存空间。而积水凤梨的叶片根部也同样会积聚水分，刚好适合蛙类栖息及产卵。五彩凤梨具有短且多，隐藏在叶心的花序。

🎧 B属（Billbergia）凤梨（筒状凤梨）这属
凤梨园艺杂交品种很多，大多成为筒状，具
有斑点或条纹，需要明亮光照，十分好养殖

🎧 Q属（Quesnelia）魁氏
凤梨属，外观奇特，近似筒
状凤梨

➡ 积水凤梨具有半附生性，很多小型种具有群生特点，这种特点在雨林造景中
可以表现自然界中物种群生和自然感，我们种植这种喜爱侧芽繁殖的小型积水
凤梨时尽量给它们足够的空间，一段时间后就可以看到一丛丛凤梨了。如果养
殖不当，会出现徒长或畸形状态，我们只有通过侧芽繁殖新的植株进行养殖

➡ 姬凤梨也称绒叶凤梨（Cryptanthus）是凤梨科姬凤梨
属植物，多年生肉质常绿地生性草本，植株高约10~50
厘米，原产于南美洲，是一种热带森林中或岩石上的地生
性植株。性喜温暖、适度干燥和有散射光照的环境

➡ 沙漠凤梨亚科（Pitcairnioideae）硬叶凤梨（brittle star hybrid）
它是最古老的凤梨植物，大多数为地生且依赖根部吸收养分和水分，多数生
长在岩石和土壤上，绝大多数叶片棘刺发达，无法积水，具蒴果及无翅干性
种子。硬叶凤梨分布在南美内陆或者平原地带，抗旱能力强，但在温带和热
带地区也可以生存，需要充足的光照，由于根部比较发达，我们可以选择透
气的土壤种植

我们经常以为积水凤梨只要是叶心聚集有水分就可以一直存活。其实在美洲的雨林里，积水凤梨往往接收不到那么多的雨水。之所以凤梨植物长成像莲花状的形态，它们不仅仅是储藏雨林的水分和空气中的灰尘，更是需要接住树冠层散落的叶片，这些腐烂的叶片可以给凤梨提供磷钾元素，让它们在不接近地面的状态下也可以通过这些物质来保持自己的生长状态。

凤梨的半附生性促使它的用途更广泛。在潮湿的东南亚国家，会把五彩凤梨当作园林绿化植物。我们在泰国经常可以见到路边、商店、公园有很多露天的积水凤梨种植。由于积水凤梨可以通过根部吸收养分，所以大多在地面种植，但在原产地很多岩石上或者地面上会有积水凤梨，可见它们不一定只在树上生长。我们做雨林景观时也可以参照这种习性进行设计。凤梨喜潮湿，气候潮湿、雨水丰富能让凤梨更好地生存。

在泰国，当地园艺工人运用凤梨的颜色、大小及形态变化，做了不同的植物组合。泰国气候特征十分适合积水凤梨的生长条件，适宜的日照，温差以及空气湿度可以让凤梨在室外生长，与苏铁植物形成错落有致的花园艺术。

墙体垂直绿化，和插花艺术比较像，也会有形态变化及留白、主次结构关系等。

积水凤梨在雨林景观中有着非常重要的地位。由于积水凤梨色彩鲜艳，群生性，形态呈放射状，常常在雨林景观中成为景观的主角，尤其在以沉木为主的景观中，具有附生性的积水凤梨更能表现出源生地的特点。其养护简单，雨林感强，是大型热带雨林景观常用的热带植物。

空气凤梨

空气凤梨英文名为Air plant，包含近550个品种及103个变种，因此成为凤梨科（Bromeliad）家族中最多样的一群。

这是地球上唯一完全生于空气中的植物，不用泥土即可生长茂盛，并能绽放出鲜艳的花朵。它们品种繁多，形态各异，既能赏叶，又可观花，具有装饰效果好、适应性强等优点。

空气凤梨可由叶面的茸毛吸收空气中的水气和氮化合物，不需特别照顾也能够活得很好，不过其成长相当缓慢。虽然可以直接生长在空气中，但是空气凤梨是有根的，如果要以附生方式养殖，最好在根部添加水苔以达到保水作用。

Tillandsia ionantha

在南美大陆，空气凤梨种类非常多，多见的是银叶空气凤梨、绿叶空气凤梨和带茸毛的空气凤梨，绿叶空气凤梨大多来自云雾林地区，所以养殖时可以提高湿度。银叶空气凤梨市场上多见，叶面上的白色鳞片可以吸收空气中的水分。银叶型凤梨大多耐干旱，在雨林缸养殖中特别要注意，如果湿度过大容易造成腐烂，可以加强空气流通或者加风扇，可以避免因湿度过大造成植物的死亡。

Tillandsia xerographica

🎧 刚开过花的万汗精灵
（*Tillandsia ionantha v. van-hyningii*）

空气凤梨对于温度的需求为20～25℃，如果高于25℃则需要给它通风，并且给它周围的空气进行喷水，提高空气的湿度。其对光照要求不高，一般散射光就可以满足它的生长需要。我们在雨林景观维护中需要注意，空气凤梨不宜长时间对其喷水也应避免让其积水，也不可以闷热，需要通风与光线良好环境，一般所养殖的位置在缸体中上部不宜喷到水的地方。

秋海棠属植物

秋海棠（*Begonias grandis*）为秋海棠科秋海棠属多年生草本植物。根状茎近球形，茎生叶互生，叶片轮廓宽卵形至卵形两侧不相等。属单性花，雌雄同株，在美洲大陆和亚洲及东南亚岛屿秋海棠分布很广，据统计美洲发现800多种原生秋海棠，亚洲800多种，非洲雨林也有两百种以上。

Begonia 'Escargot'

秋海棠叶形繁复多变、花叶绚丽缤纷如披彩妆，秋海棠属植物使尽浑身解数，叶片以绮丽狂野的姿色掳获了不少爱花者的心，成为不少造景师的创作素材。全球野生秋海棠有1 900多种，已培育出至少1万个观赏品种，我国目前鉴定出的野生秋海棠有200多种。

观叶秋海棠因其丰富的叶色、奇特的叶形深受消费者喜爱。结合市场需求，培育株型紧凑、叶色丰富、叶形奇特、叶片肉质的秋海棠新品种成为育种者的目标。

秋海棠的多样性主要从叶子来观察，叶片形状、颜色、花纹的变化，叶片厚度等都非常精彩。近年来很多人沉迷于杂交各式各样的秋海棠，全世界的人们近年来杂交出来的海棠品种有一万种以上。在大自然中，天然杂交是上天最好的作品。在自然界，秋海棠往往通过昆虫授粉自体繁殖；在山区，往往能看到漫山遍野有很多不同形态的秋海棠，如梦如幻。

　　秋海棠近年来逐渐成为网红植物，丰富多彩的叶形和颜色往往是装点家居的很好的品种，在世界雨林中分布着各种各样的秋海棠。新加坡滨海花园景观中，也运用了大量秋海棠作为垂直景观植物。秋海棠可观叶可观花，但习性各不相同。其多为肉质叶片，如通风条件差，会产生细菌。如养殖在缸内，叶片腐烂脱落，生长点腐败，这个和缸体内环境有关。基质应用干净卫生的水苔种植，并有效地避免菌群滋生。

印度尼西亚苏拉威西岛发现的直立型裂叶秋海棠（*Begonia medicinalis*）

∩ 中国广西和云南是秋海棠分布的主要地区，在中国的广西南部与越南的北部发现的彩纹秋海棠（Begonia variegata），叶面有凸起的纹理，花朵较小，叶片和铁十字秋海棠一样非常具有观赏价值

∩ 黑武士秋海棠（Begonia darthvaderiana）发现于马来西亚沙捞越岩石地带，2014年首次发表，个体相对人工养殖的要大。

　　秋海棠属植物比较怕冷，主要分布于北纬30°~南纬30°的热带和亚热带地区。秋海棠有一年生和多年生的，大多喜欢潮湿的气候，害怕阳光直射，分布于多雨、多林、空气湿度大的地带，很多秋海棠在喀斯特地貌中常呈单点分布趋势。石灰岩地形中，奇山、溶洞星罗棋布，其环境因子往往有细微差异。

秋海棠喜欢清凉湿润的环境，对环境稳定性要求很高，受到人为破环或环境污染的地区很难见到秋海棠，遮阴通风且小环境湿润的山坡岩石会十分常见。它们喜欢生长在石灰岩质的岩石上缝隙，表面看岩石并不积水，基质很硬，常见于森林底部。也有很多岩生秋海棠周围会有河流或者溪流，能够给溪流边岩石上秋海棠适合的湿度。本页内的图片是在马来西亚雪兰莪州的石灰岩山上拍摄的。这里有很多原生秋海棠，与蕨类、苔藓和苦苣苔科植物共生，秋海棠在开花季，同一座山秋海棠叶型纹路花朵却形态各异，在这里存在风媒或虫媒的自然杂交的现象。

꜒ *Begonia hemsleyana* Hook.F.

꜒ *Begonia brevirimosa* subsp. *exotica* Tebbitt

꜒ *Begonia roseopunctata*

꜒ *Begonia amphioxus* Sands

꜒ *Begonia chlorosticta*

꜒ *Begonia pendula*

꜒ *Begonia ningmingensis*

Begonia White Ice

꜒ *Begonia bipinnatifida* null

秋海棠有直立型秋海棠，有匍匐型秋海棠，直立型秋海棠也叫"竹节秋海棠"。

꜖ 图中的*Begonia maculata* 'Wightli'秋海棠，新叶粉红，花白色，是近年来家居常用的"网红"秋海棠。这类型秋海棠大多可以露天或室内作为盆栽植物养殖

种植秋海棠需要注意使用透气的介质，这种植物喜欢湿度高阴凉的环境，不可以暴晒和积水，不可以重肥。

棕榈科植物

棕榈科（Palmae）单子叶植物，分布于热带和亚热带地区。棕榈科一般为乔木，也有少数是灌木或藤本植物，是单子叶植物中唯一具有乔木习性，有宽阔的叶片和发达的维管束的植物类群。在中国主要分布在南方各省，大约有22属60余种。从美洲引进的王棕和澳大利亚引进的假槟榔都是南方常见的行道树和庭院栽培树。目前已知有202属，大约2 800余种。该科植物一般都是单干直立，多为掌状分裂或羽状复叶。

⌂ 大叶蒲葵（*Livistona saribus*）是棕榈科、蒲葵属植物。常绿，乔木状，高达20米，直径20～30厘米。叶集长茎的顶部，圆形或心状圆形，两面绿色，直径达1米以上，顶端掌状分裂呈众多狭长的裂片，裂片顶端浅2裂；多分枝。喜高温多湿的气候，能耐短期0℃左右的低温，在土壤深厚的山坡、谷地、水边地生长旺盛。

蒲葵不但是一种庭园观赏植物和良好的四旁绿化树种，也是一种经济林树种。可用其嫩叶编制葵扇，老叶制蓑衣等；叶裂片的肋脉可制牙签；果实及根入药

Johannesteijsmannia altifrons

Arenga hastata

Caryota ochlandra Hance

➊ 棕竹（*Rhapis excelsa*）

➊ 拟态的假槟榔属的小型棕榈
（*Pinanga veitchii*）

➊ 婆罗洲棕榈（*Pinanga aristata*）

➊ 马普棕榈，也叫星光棕榈（*Licuala mattanensis* 'Mapu'），这是
一种罕见的扇状棕榈，以其引人注目的锯齿状叶子而闻名。它原产于
婆罗洲群岛、沙捞越和加里曼丹的森林，在那里可以发现它生长在深
深的树阴下，不同的养殖环境颜色形态会略有不同

➋ *Calyptrocalyx forbesii*

Amorphophallus sp.

White stenoglossa

Ardisia sp. 'Pinky'

Argostemma grey

Jewel sp.

Argostemma white spot

160

Piper ornatum

Homalomena sp. 'Green'

在东南亚热带雨林之中，藏匿着非常多美丽的原生热带植物，这些植物有着各种保护色，置于我们的雨林缸之中可以增添更多的原生魅力，也可以让我们更近地去发现这些植物的美。还有很多植物确认到科和属，至今并没有真正地命名，

这些原生的没有经过驯化的植物在经过环境改变后需要重新适应，这个时间往往比较长。驯化是指外来植物通过改变其遗传性状以适应新环境的过程，将植物从野生状态改变为家养的过程也称为驯化。在野外，植物会携带寄生虫及病菌，人工养殖时需要经过除菌除虫处理。

在制作雨林景观时，我们提倡用市场上常见的人工培育的热带雨林植物来造景，野外的物种我们不是很熟悉其生长环境，采来很容易造成其死亡，乱采也对野生植物造成破坏，所以不建议以破坏大自然的方式去设计我们的雨林作品。这些珍稀植物在它原产地才是最美丽的。

Malaxis sp.

Leea amabilis

Zingiberacea sp.

4. 热带雨林中的菌类

菌类是个庞大的家族，它们无处不在。现在，已知的菌类大约有10多万种，包括细菌、黏菌和真菌三个门类。其共同特征是：没有根、茎、叶的分化；大多数不含叶绿素等光合色素（极少数光合细菌除外），不能进行光合作用，腐生生活或寄生生活，即异养生活。生殖器官多为单细胞结构，孢子不发育成胚。

在阴暗潮湿的丛林深处，人们经常忽略一类没有绿色叶子的小型生物。它们生长在枯枝倒木或蓬松的腐殖物上，靠分解枯落物腐殖质获取养分为生，这就是真菌一类的生物。

我们经常在自己的雨林缸中看到长出来了"蘑菇"或"木耳"，它们颜色、形态多种多样，也不知道是从哪里来的。其实，菌类是无性繁殖，也就是营养体不经过核配和减数分裂产生后代个体的繁殖方式。它的基本特征是通常直接由菌丝分化产生无性孢子，之后发育为成熟的菌类。我们购买的植物（包括苔藓），甚至用来造景的沉木及石头上都会有菌类孢子，它们是大自然的一部分，也是景观的一部分。

◐ 橘色藻（*Trentepohlia*）

是一种在陆地上度过一生的气生藻类，常误认为苔藓、菌类或地衣，多分布于热带，也见于亚热带和温带；生于岩石、树叶或树皮上，因细胞内含有色红素而呈褐黄色。

◑ 地衣类松萝科树发属绿树发（*Usnea diffracta* Vain）

以叶状体入药。四季可采，去杂质，晒干。寄生于高山枯木上。
分布于我国陕西、四川、云南、西藏。

◑ 地钱（*Marchantia polymorpha* Linn.）

地衣（Lichenum）是真菌和光合生物（绿藻或蓝细菌）之间稳定而又互利的共生联合体，由于菌、藻长期紧密地结合在一起，无论在形态上、结构上、生理上和遗传上都形成了一个单独的固定的有机体，所以把地衣单列为地衣植物门。本门植物约有500属26 000种。

黑蹼树蛙（*Rhacophorus reinwardtii*）

钻蓝箭毒蛙，是染色箭毒蛙（*Dendrobates tinctorius*）旗下的亚种，树棘蛙科丛蛙属的一个物种。喜潮湿坏境，在箭毒蛙里属于体型较大品种，成体体长4厘米左右，一身萤光蓝色，在动物界算得上是极少数的外形和色彩。事实上许多箭毒蛙的色彩都是同样的耀眼，这些特殊而华丽的色彩对掠食者来说都具有强烈的警示作用。野外，它们可在积水凤梨叶心积水处产卵。

箭毒蛙是世界上最具有毒性的物种，其毒素来自于捕获的有毒昆虫，在人工饲养环境下毒素会消失。

5. 雨林缸也是动物的乐园

热带雨林物种丰富的根本原因是其独特的气候环境。温暖湿润的环境，非常有利于植物的生长，植物繁茂，使得以植物为食的昆虫能够有充足的食物，繁衍不绝，而这又给了以昆虫为食的鸟类和其他动物很大的生存机会……热带雨林完整又稳定的食物链，使得其物种呈现出多样性和丰富性的特征。

呈现出热带雨林物种丰富性的雨林缸，在英文中称之为"vivarium"，翻译成中文大概就是生态园的意思。雨林缸的封闭环境适合蛙类、守宫、变色龙，以及各种昆虫。它们在缸内生活不会有臭味，因为缸内是个动态的生态系统。缸里的植物为动物提供了栖身之处和新鲜的氧气，动物的粪便被微生物快速分解后直接被植物吸收。

一种生物模拟另一种生物或模拟环境中的其他物体从而获得益处的现象叫拟态或称生物学拟态。在热带雨林中这种现象经常会看到，在热带雨林里穿行，需要细心地发现身边藏匿的这些动植物。

Hymenopus coronatus

Genus Tanaorhinus

Phasmatodea

Amazon
亚马孙

（二）造景设计灵感来源：那些神奇的热带雨林

1．"地球之肺"亚马孙

亚马孙热带雨林（Amazon Rain Forest）位于南美洲的亚马孙盆地，占地约700万平方公里。雨林横跨了9个国家：巴西、哥伦比亚、秘鲁、委内瑞拉、厄瓜多尔、玻利维亚、圭亚那及苏里南、法国（法属圭亚那），占据了世界雨林面积的一半，占全球森林面积的20%，是全球最大及物种最多的热带雨林。亚马孙雨林被人们称为"地球之肺"。

横贯南美洲东西，全长6 296公里的亚马孙河，源头在安第斯高原，由冰川融汇而成，虽然在长度上稍逊于尼罗河，位居全球第二，但它却是世界上流域最广、流量最大的河流，它的流量比尼罗河、密西西比河和长江的总流量还要大，而它的流域面积相当于南美洲总面积的40%。

亚马孙热带雨林，蕴藏着世界上最丰富多样的生物资源而被誉为神奇的生物王国。热带雨林吸收大量的二氧化碳转化为氧气，具有十分重要的吐故纳新生态意义。

提起亚马孙热带雨林这个地方，就会和原住民、探险、神秘的食人鱼、无数的奇特动植物、湿润潮湿等等联系在一起，每年数以万计的探险家钻入亚马孙雨林之中。就连好莱坞也拍摄过很多部以亚马孙探险为主题的电影。亚马孙热带雨林作为世界上最大的雨林，具有相当重要的生态学意义，保护亚马孙热带雨林已经成为一个重要的论题了。亚马孙热带雨林的欣欣向荣得益于亚马孙河流域非常湿润的气候，亚马孙河和她的100多条支流缓慢地流过这片高差非常小的平原，河岸旁的巴西城市马瑙斯距离大西洋有1 600公里，但海拔只有44米。

这个雨林的生物多样化相当出色，聚集了250万种昆虫，上万种植物和大约2 000种鸟类和哺乳动物，生活着全世界1/5的鸟类。科学家指出，单单在巴西已约有96 660～128 843种无脊椎动物。亚马孙雨林的植物品种是全球最多样化的。有专家估计，1平方公里可能含有超过75 000种树及其他150 000种高级植物，亚马孙雨林是全世界最大的动物及植物生境。

2010—2013年，来亚马孙的探测队发现了400多个新物种，其中有258种植物、84种鱼、58种两栖动物、22种爬虫、18种鸟和一种哺乳类动物。

Sulawesi
苏拉威西

2. "世外秘境" 苏拉威西

处于马来亚群岛（Malay Archipelago）中心的苏拉威西（Sulawesi）位于印尼，是这个"千岛国"其中的四大岛屿之一，也是世界第十一大岛。在世界版图上看到苏拉威西，让大家印象深刻的可能是它那奇特的形状，类似一个英文 `K´ 字母。苏拉威西是由四个半岛组成，岛中央是险峻的山区高原地带，山峦起伏、层林叠嶂的地理环境，使得岛上的内陆交通极为不便，四个半岛上小镇之间的往来，都是以水路往来。苏拉威西岛构造运动活跃，多火山与地震，河底由火山碎屑构成，水体温度较高，水质清澈，也给这里的生物提供了极为特殊的生存环境。

当地居民的房屋依湖而建，船成为他们的交通工具。从船上下来可以直接进入房间。在岛上除了望加锡，很多地方交通并不发达。原住民保持着比较传统的生活方式，以种植农作物为生，还保留着一夫多妻制度。

苏拉威西岛是著名的华莱士线的起始点。这条线是区分亚洲和大洋洲的生物线，西面是亚洲大陆，东部接近澳洲土地，苏拉威西岛处于正中央，因此在这里既有东洋界也有澳新界的动植物。还有一种说法，最早的地球上，现在的各大陆板块挤在一起，只有一个大洲，率先脱离这一大板块的就是苏拉威西岛以及新几内亚岛、澳大利亚和新西兰。所以，这些地方保留了许多其他大陆所没有的动植物，如黑冠猴、眼镜猕猴、袋貂等，它们都是苏拉威西岛的特有的动物。

看似安逸的玛塔纳湖，这个以火山带包围着的神秘湖泊，一切都是那么平静。偶尔会看到抓虾的渔民。当你坐着船漂荡在湖中，会看到苏拉威西一叶莲、螺旋水车钱草、大片的谷精、多彩的彩虹鱼，还有入侵的南美慈鲷，这里俨然是一个未知的新奇世界玛塔纳湖（印度尼西亚语：Danau Matano），也被称为Matana，是印度尼西亚南苏拉威西岛的一个天然湖泊。它的深度为590米，是印度尼西亚最深的湖泊，是世界上第十深的湖泊，也是岛上最深湖泊。Matano是苏拉威西第二大湖，湖底为石炭岩受热后变成的大理岩，具有非常低的养分和有机质含量，贫营养。它是马利利湖系统中的两个主要湖泊之一（另一个是Lake Towuti托武蒂湖）。

玛塔纳湖是许多地方性鱼类和其他动物的家园（例如苏虾、苏蟹和苏螺）。这里水质清澈，温度27～29℃，

pH8.6，GH7，KH5，导电率(EC)199，有人曾经将玛塔纳湖的地方性鱼类与非洲裂谷湖泊的物种群进行了比较。它们分别被认为都来自一个单一的祖先物种，在进化过程中多样化为许多不同的物种，填补了许多以前空置的生态位，比如苏拉威西彩虹鱼。

苏拉威西螺（*Tylomelania* sp.），也是整个苏拉威西岛上湖群中最辛勤的"初级工作者"，很大一部分的有机物都被它们进行初级分解，进而产生更容易被细菌分解的成分，同时在整个过程中，苏螺慢慢地生长繁殖。在托武蒂湖和玛塔纳湖的苏螺品种也不一样，相隔很近的湖泊，虾和螺品种如此不一样，这也是很神奇的地方。

⋂ 水下，在石头缝隙中捕获的苏蟹

⋂ 湖中大量的小型淡水虾。当地居民会捕捉这种小型虾作为自己的餐桌美食

⋂ 旋叶水车前（*Ottelia mesenterium*）

　　苏拉威西岛湖中的明星物种，与龙舌草一样隶属于水车前属，它螺旋状的叶片令人陶醉，白色的花朵纯洁美丽，通常它们都生活在水深1～3米的区域。矿物质含量丰富的火山岩、温暖的湖水让它们很强壮，会把花朵挺出水面授粉然后结种，成熟的种子随着水流慢慢散落到各处，继续努力地茁壮成长。

⋂ 苏拉威西浮叶莲应该隶属于荇菜属（*Nymphoides* sp. 'Lymnocharus'）

⋂ 苏拉威西小谷精（*Eriocaulon* sp. Sulawesi）

⋂ 白药谷精（*Eriocaulon cinereum*）

随着苏虾（指苏拉威西当地之虾）在全世界爱好者中被追捧，当地居民也做起了苏虾苏螺的生意 ↻

◗ 湖底不仅有水族爱好者向往美丽的生物，其水下景观同样十分神秘，是原生景观爱好者的造景灵感来源

　　从苏拉威西首府望加锡出发，坐车12小时，就来到了托武蒂湖。这里村民的房屋沿着湖边而建，没有发达的交通工具，甚至饭店和商店都很难找。淳朴的民风、没有污染的净土、湖泊水下以火山灰为主的湖床给这些世界上独有的生物提供了独特的水下环境。当地居民的主要交通工具是船，各种颜色样式的船每天往返几个岛屿之间，船只是这里重要的交通运输工具，用来运输日常的食物和粮食。我们也会坐上船去寻找我们要看的神奇物种。

∩ 铁角蕨（*Asplenium normale* Don）

苏拉威西岛给我的第一印象就是平静，是发自内心的平静，很像到了一个新的世界、一个世外桃源，一切都是那么的安逸。平静的湖泊、连绵的火山带，没有发达的交通工具，没有熙熙攘攘的商业区，一切都很原始。苏拉威西岛与其他岛之间有相对较大的海峡相隔，大多数动物不能渡过，地理环境相对独立是它哺乳类特有种多的另一个原因。除了黑冠猴、眼镜猕猴、袋貂等世界独有的动物，其原生雨林环境也很神秘，一些奇特的雨林植物也很吸引人。

在这里，我们不仅找到了苏虾、苏螺、苏蟹的原生地，也找到了梦寐以求的螺旋水车钱草。在托武蒂湖畔，发现了蚁栖植物和猪笼草群落；在玛塔纳湖，看到湖边森林里有很多蕨类及原生秋海棠；还看到各种附生兰花的共生现象，艰辛和美丽共存的苏拉威西！

3. "黑暗森林"婆罗洲

位于赤道附近的婆罗洲岛（Borneo）拥有着世界第二大的热带雨林（仅次于亚马孙雨林），也是生物多样性较为丰富的地区之一。这个有趣的地方拥有世界上最古老的丛林，动植物种类异常的丰富独特，一直被认为是亚洲真正的"处女地"。婆罗洲的中部地区就是原始森林，那里面一直是个危险的地方，被人们称为"黑暗的森林"。在东南亚，没有任何一座岛屿的生物种类可以和婆罗洲相媲美。

婆罗洲岛，又称加里曼丹岛，是世界第三大岛和亚洲第一大岛，也是世界上绝无仅有的分属于三个国度（印度尼西亚、马来西亚、文莱）的岛，面积74.33万平方公里，属于热带雨林气候，植被繁茂。这里生活着210多种哺乳动物、350种鸟类、150种爬行及两栖类动物、1.5万种植物，以及各种原始部落。

婆罗洲岛的山脉从内地向四外伸展，东北部较高，有东南亚最高峰京那巴鲁山，海拔4 095米。地形起伏和缓，雨量丰沛，多分头入海的大河。森林覆被率80%。农产有稻米、橡胶、胡椒、西谷、椰子等。岛的中间是山地，四周为平原。南部地势很低，成为大片湿地。

Borneo

婆罗洲

这里属于印度马来热带雨林群系，板根植物与藤本植物丰富是马来雨林的特征之一。近年来由于环境的变化，原有的大量生物因栖息地丧失而急剧减少，其中也包括当地的动物，如红毛猩猩、马来熊、长臂猿、犀牛、犀鸟等。

红毛猩猩〔*Pongo pygmaeus*〕

犀鸟〔*Anthracoceros albirostris*〕

182

　　婆罗洲是东南亚岛屿中，生态最完整，生物植被最多的一座大型岛屿，2/3属于印度尼西亚的加里曼丹，1/3属于马来西亚的沙巴与沙捞越以及另一个国家文莱。

　　在马来西亚沙捞越雨林中，一些附生或者寄生植物为了争夺阳光，获得更好的生存空间，会攀缘在高高的大树上，让整个雨林植被更丰富。这里不仅仅有各种兰科植物，蕨类和天南星植物也比比皆是。右图中可见大型针房藤植物攀缘在树干表面。

婆罗洲盛产猪笼草，虽然猪笼草在世界各地热带区域都有野生分布，包括中国华南地区也有一种，但婆罗洲有着非常丰富的猪笼草品种，大如麻袋或小如胶囊。猪笼草是猪笼草属全体物种的总称，属于热带食虫植物，其拥有一个独特的汲取营养的器官——捕虫笼，捕虫笼呈圆筒形，下半部稍膨大，笼口上有盖子，因其形状像猪笼而得名。

　　猪笼草叶的构造复杂，分叶柄、叶身和卷须。卷须尾部扩大并反卷形成瓶状，可捕食昆虫。猪笼草具有总状花序，开绿色或紫色小花，叶顶的瓶状体是捕食昆虫的工具。瓶状体的瓶盖覆面能分泌香味，引诱昆虫。瓶口光滑，昆虫会滑落瓶内，被瓶底分泌的液体淹死，虫体被分解出营养物质，逐渐被植物消化吸收。

↻ 橙二齿猪笼草Nepenthes bicalcarata（Orange）

↻ 飞碟唇猪笼草（自然杂交）（Nepenthes mirabilis var. echinostoma）

↻ 苹果猪笼草（Nepenthes ampullaria）

➭ 橙二齿猪笼草Nepenthes bicalcarata（Orange），二齿指的是它的瓶盖下方的两个像牙齿一样的凸起，又称二距猪笼草，是婆罗洲西北部特有的热带食虫植物。其种加词来源于拉丁文，"bi"意为"二"，"calcarata"意为"尖状物"，指其两个尖齿状结构。二齿猪笼草为蚁栖植物，与弓背蚁之间存在着互利互惠的关系。因此，其缺少许多猪笼草食虫性特征。该猪笼草捕虫笼的茎部可为多达30只木蚁提供住所，如果昆虫在消化液中腐烂，消化液也会随着腐败。

➮ 窄叶猪笼草（Nepenthes stenophylla）

➮ 来福士猪笼草（Nepenthes rafflesiana）（上位瓶）

➮ 苹果猪笼草（Nepenthes ampullaria）

➮ 小猪笼草（Nepenthes gracilis）

婆罗洲岛拥有世界上最大的花——大王花。大王花在当地叫 Bungapatma，意思是"荷叶般硕大的花"，以花朵巨大而气味恶臭著称，有"世界花王"的美誉，是一种腐生植物。

大王花（*Rafflesia* spp.）是大花草科、大王花属20种肉质寄生草本植物的统称。肉质、寄生草本，寄生于植物的根、茎或枝条上，无叶绿素；吸取营养的器官退化成菌丝体状，侵入寄主的组织内。

这种植物产自马来西亚、印度尼西亚的爪哇、苏门答腊等热带雨林中，生活在热带雨林落叶层下，绝大部分大王花为五个花瓣，极少数有六个花瓣，大王花开花时期集中在5—10月，从种子到美丽鲜艳的花朵需要几个月漫长的时间。

桫椤

这里还生长着桫椤（*Alsophila spinulosa*），别名蛇木，是桫椤科、桫椤属蕨类植物，有"蕨类植物之王"赞誉。

桫椤的茎直立，中空，似笔筒，叶螺旋状排列于茎顶端。是已经发现的唯一的木本蕨类植物，极其珍贵，被众多国家列为一级保护的濒危植物，有"活化石"之称。桫椤是古老蕨类植物，可制作成工艺品和中药，还是一种很好的庭园观赏树木。

桫椤生于林下或溪边阴地，产于中国大陆南方各地，中国台湾也有分布。在尼泊尔、不丹、印度、缅甸、泰国、越南、菲律宾及日本南部也有生长。

桫椤树形美观，树冠犹如巨伞，虽历经沧桑却万劫余生，依然茎苍叶秀，高大挺拔，称得上是一件艺术品，园艺观赏价值极高。

涧水植物

在婆罗洲，黑暗的森林河流溪边可以看到芋榕属和辣椒榕属植物伴生在溪水边的岩石上，它们也叫涧水植物，芋榕（*Piptospatha grabowskii*）叶子深绿色，花粉色，半附生在岩石上，雨季时植株会淹没在水里，有些芋榕属植物可以水生。

辣椒榕属（*Bucephalandra*），辣椒榕叶片边缘常有细微的褶皱，叶子表面光滑，用手触摸，叶片质感较为厚实，蜡质感。辣椒榕可以水下生长。在原生环境下主要依靠匍匐茎蔓延繁殖。个体普遍不大，成长缓慢，造型奇特，生长在婆罗洲原生溪流边岩石上。可陆生也可水生，往往水下驯化后叶片可以呈现出蓝、红、紫、黑等颜色，有的带有暗点和反光。

辣椒榕大多分布在马来西亚沙捞越、印度尼西亚婆罗洲中部、加里曼丹北部等。近些年来，辣椒榕逐渐成为高端水草，在众多水草中价格属比较昂贵的。收集辣椒榕的爱好者们遍布世界各地。辣椒榕变得比较流行的原因之一就是它具有种类繁多、色彩多样、养殖容易的特点。

⊕ 芋榕（*Piptospatha grabowskii*）

⊕ 热带雨林景观中，辣椒榕可运用在溪流边、岩石缝隙中，要保证一定的湿度和光照

⊕ 芋榕粉红色佛焰苞包裹着长而尖的肉穗花序，非常独特。在养殖时除了当成水草养殖，也可在雨林景观中靠近水体的陆地种植，增加景观植物群落感和自然感

隐棒花属植物和椒草

全球大概有50种左右隐棒花属（*Cryptocoryne*）植物，这种独特天南星植物生活在东南亚的不同水域，不仅可以观叶，也可以在雨林环境开花，更可以在水中生长，可运用在水草造景中。也可以用沼泽方式的空气缸养殖，叶片状态和颜色不同，且佛焰苞相当美丽。根系发达有地下茎，它们往往水上与水下叶型状态不同，为了减少水流阻力，水下叶片往往细长，水上的就会偏椭圆，这现象和很多水草相近。

Cryptocoryne keei，为婆罗洲当地的采集者Henry Kee Chuan Ong（王其全）发现，故以此命名，中文以"凤梨椒草"名广为人所知

☝ *Cryptocoryne keei*

☝ *Cryptocoryne pontederiifolia*

☝ 露出水面上的佛焰苞

☝ *Cryptocoryne keei*

☝ *Cryptocoryne affinis*

☝ *Cryptocoryne elliptica*

☝ *Cryptocoryne affinis*

4. "瀑泉之美"考艾国家森林公园

考艾国家公园（Khao Yai National Park），汉语称"大山国家公园"，是泰国东北部的天然大公园，也是野生动物保护区。这里有着"泰国之肺"以及"泰国的秘密花园"之称的美誉。这里由几个大大小小的群山结合而成，范围颇广，长约100公里，最宽处约30公里，最高峰翘峰，海拔在250～1 351米，有4座高高的山岭。山中有许多气魄雄伟的瀑布，瀑布四周绿林蔽空，野花如云，极山水之胜。每逢假日和酷暑季节，附近的居民和众多外国旅客都蜂拥而至。

这里属热带季风气候，终年气候湿热，年平均气温为27.5℃，全年总降水量达到1 500毫米。其中5—10月是雨季，沿考艾山向上而行有几个世界最大的公园，其中考艾国家公园是泰国最古老、游客最多的历史文化游览地。

National Park
考艾国家森林公园

如果不参观几个瀑布，前往考艾的旅程将是不完整的，Haew Narok是公园中最高的瀑布，它也是大象喜欢探索的地区，Haew Narok瀑布属于片落形式，落差是公园里瀑布最高的。沿山路向瀑布走去，沿途各种热带季风性的植物比比皆是。功矫瀑布附近有横过喃打空河的竹索桥，游人从桥上过，索桥轻轻晃动，别有情趣。

从考艾山脚到海拔1 351米处，整个公园地貌由五个植被区组成：常绿雨林、半常绿雨林、落叶混交林、山区常绿森林以及大草原和次生森林。在成为国家保护区之前，这里以农业和伐木业为主要产业，很多兰花从6月中旬一直开到7月底，是少有的雨季游览景点之一。

附生，绞杀，板根现象在考艾国家森林公园也随处可见，这里是野生动物的乐园。

这里属于热带季风气候雨林，因此，并不像低地常绿雨林那样闷热潮湿，所以附近交通比较发达，雨林周边也布起了电线

湖中的荇菜属植物，匍匐生长，节上生根，漂浮于水面或生于泥土中。叶片形似睡莲，黄色或白色花朵挺出水面，往往花朵可以消耗一片叶子中的养分

在很多河流湖泊中可以看到黄花狸藻（*Utricularia aurea*），在国内也可以见到这种食虫植物。狸藻并不是藻类，它们可分为水生狸藻、陆生狸藻、附生狸藻，它们往往很小，茎上会长捕虫囊，小虫触碰囊口纤毛，囊盖就会把小虫吸进去

（*Costus speciosus*）

在这里，植物很丰富，如蕨类、锦叶葡萄、吐烟花、闭鞘姜、秋海棠、苦苣苔，只要仔细看就能看到很多美丽的植物。在这里，我们意外地发现了野化孔雀鱼和克里斯帕图拉椒草（*Cryptocoryne crispatula* var. *crispatula*），喷泉太阳草（*Pogostemon heiferi*）的原生状态。

沿考艾山向上而行有几个公园，其中考艾国家公园是泰国最古老、游客最多的历史文化游览地。

野象也会常常光顾这里，只可惜我们这次没有见到

河边几个小朋友正在用最简易的捕捞方式捕捉着小鱼，孰不知这些在他们看来常见的鱼种有很多是我们很难见到的。这里看到了某种鲃和吉罗鱼 ↻

沿途的水域里，有很多黄花狸藻和金线红尾灯

⌒ 小型树木的板根现象

Gunong Tahan
大汉山国家森林公园

National Park

5. "远古而来"大汉山国家森林公园

大汉山国家公园（Gunong Tahan National Park），原名"乔治五世国家公园"，马来西亚最大自然保护区。建于1938年，是一个完全被保护的区域，也是马来西亚最具代表性的国家公园，估计它已有一亿三千万年的历史，比刚果的热带雨林和亚马孙雨林更为古老。它是许多奇花异葩和珍禽异兽的乐园。

置身于这个古老的热带雨林，令人神往的自然景观会带来不一样的体验。

园内有原住民先努伊人，他们以吹筒射猎出名。公园管理处设在瓜拉大汉，位于大汉峰南方约50公里、大汉溪汇入淡美岭河(彭亨河支流)附近，这里是国家公园的腹地。瓜拉大汉有登山小径直达峰顶，也可坐小艇溯淡美岭河及其支流而上。园中设有多处隐蔽场所，用以观察早晚来饮水的动物生态或先努伊人行踪；有树冠吊桥，可鸟瞰雨林上层结构与面貌。

原住民至今保留着打猎的传统，每一个部落有十几间茅草屋，虽然当地政府希望把他们移居到城市，但他们还是会按照自己的生活方式生活在雨林中，吹箭、钻木取火等古老的生活传统依然保留，部落大多是年轻人和小孩，由于食物匮乏，他们寿命都不太长。几乎见不到老年人，一般年轻时就会逝去。当地向导告诉我们，一旦有人逝去，他们就会搬到另外一片有河流的地方居住。

如今随着现代社会生活方式的注入，当地居民已经不再裸露身子，甚至一些男性有了吸烟的习惯。

❶ 当地原住民向我们展示了钻木取火、制作弓箭等传统技能

这里的部落保留着传统的生活方式，水源来自周边的河流，虽然已经见到一些现代人生活方式的痕迹，但生活条件在我们看来依然艰苦。12月正值当地雨季，每天都会下雨，河水很浑浊，我们住的简易胶囊宾馆已经很奢侈，至少不会受到旱蚂蟥的骚扰。

　　大汉山旱蚂蟥出奇的多。旱蚂蟥是水蛭科、蛭纲。形态与水蛭相似，体略呈纺缍形，扁平肥状，长约3～6厘米，背面呈暗绿色，中间有数条黄色纵形条纹，雌雄一体，两端有吸盘，前面吸盘较小，口内有齿。主要分布于热带亚热带湿润地区，遇到热血动物就会吸附上来，分泌一种抗凝血剂，使血流不止，湿润沼泽地带经常会受到旱蚂蟥的攻击，它们吸血时不易被发现。在进入雨林时最好穿好长衣长裤，也可以预备防蚂蟥的鞋套。

大汉山国家公园目前是完全被保护的，禁止在公园里随意带走自然界的任何东西。

热带雨林不分四季，只有旱季和雨季之分。大汉山每年的11月到第二年的3月是雨季，不允许游客进入，因为这时的雨林水位上涨，水流湍急，很多路被水淹没，十分危险。所以进入雨林的最好季节是3—5月，9—11月。

或许是宣传不足的原因，大汉山国家森林公园热带雨林并不如亚马孙雨林和刚果雨林那么有名，到访者绝大部分是自由行的欧美游客，这里的交通和团队行程几乎被本地两家旅行社垄断，旅行的资讯也少登载在互联网上。

（三）热带雨林景观设计原则与实例

上文用很多篇幅来介绍了热带雨林的动植物与其他生物，并带大家"游历"了那些神奇的热带雨林，现在您是不是已对热带雨林有了一个具象的认识了？已经迫不及待要开始设计自己心中的雨林景观作品了吧？在开始实践之前，我们需要了解以下原则。

1. 热带雨林景观造景原则

当我们要造一个热带雨林景观时，经常没有灵感，但又不想草草地做一个自己并不喜欢的景观。在动手之前，我们会考虑，用什么样的素材，什么样的植物，什么样的布局，做远景的宏观雨林还是微观的植物世界？其实大多自然景观都可以在景观设计作品里重现，我们提倡"艺术再加工"而不是简单地复制，毕竟要在有限的空间做出深远的大自然并不是一件很容易的事。需要掌握植物习性特征及种植方法；还要注意温湿度和灯光的控制；除此之外，还要具有美学灵感和对自然的理解力，会运用透视关系"骗过"别人的眼睛。我们通过人为的设

计，加上个人的情感，运用美学原理就能制造出唯美的家中的"大自然"。

有的朋友说，我没学过设计，没学过画画怎么办？那么大自然就是自己最好的老师。大自然是最艺术、最科学的，也就是说，一块石头自然下落的状态就是最科学最自然的，也是最和谐的。我经常把造景比作"打太极拳"，顺水推舟，每一块素材顺着自然的状态去摆放就不会错；相反，逆自然的往往会觉得重心不稳重，走势别扭，这样的景观是违和的，所以一定要多观察自然界中的一切。

造景中，视角也是很关键的因素，我们大多习惯用平视的视角来欣赏自己的作品，但当你真正走进大自然的时候，远远地和近距离地观察景观，给你的视觉感受是不一样的。比如你在远处观看一座山和你走近山脚所看到的场景完全不同，它们给人的感觉也不尽相同，一个舒缓，一个压迫。或者站在热带雨林的一处，当你仰视或者低下头时，所看到的景观也是完全不一样的。所以我们在做一个主题性景观的时候，在确定景观的中心思想后，可以再加工，可以去幻想一个热带雨林的自然

状态。要尊重大自然的规律，石头、木头的自然状态组合，这是很关键的因素，任何视角都要遵循景观的自然状态。我们要做的就是多观察身边的一切，多观察景观的自然形态。

一个景观的主题相当于我们写作的"中心思想"。大自然是包罗万象的，我们在一个狭小的空间很难用造景方法制作出大自然所有的一切，如果什么都想表现的话也就成了"流水账"了。没有重点，平铺直叙的表达往往是索然无味的，有舍才有得，我们需要抓住一个重点，也就是"中心思想"，围绕这个主题去创作。这个主题可大可小，一条溪流、一片丛林、一组礁石、一个瀑布都可以作为我们艺术创作的主题，一旦确定了这个主题，想好了需要做的视角，就可以寻找适合的素材进行创作了。

在热带雨林景观设计制作中，设计手法也是很关键的因素。每一块素材都不能随手摆放，需要来回推敲素材的特点、优点、重点，确定它们在空间的摆放位置。每一块素材都会说话，它在景观中代表什么，作用是什么，和其他素材形成什么

样的关系？虽然是经过人为设计去摆放的，但寻找它本身最自然的状态却是我们的艺术追求，这样的景观才会形成和谐的整体，设计作品才能成为值得推敲品味的好作品。

每一株植物同样也是素材的一部分，是关键的要素，毕竟我们做的是植物景观设计，所以一定要了解植物特点习性及它们在生长过程中的表现、摆放的位置等。设计雨林景观其实比设计硬景观更难，因为植物在不断生长变化，我们需要把它的变化掌握在心中，让每一株植物都发挥自己自身的特点，动态生长的植物也是景观的一部分。

热带雨林植物形态各异、颜色丰富、品种繁多，给人一种神秘感、自然感。每个人内心都是亲近自然的，如果我们把这些神奇的植物通过我们艺术再加工，变成家中一件"活着的艺术品"，我相信这是每一个人都向往的。

世界变化万千，事物与事物之间有各式各样的关系。雨林景观一样有各种关系，如植物与素材的关系、温度与湿度的关系、透视与焦点的关系、明与暗的关系等。一个小小的热带雨林景观作品，其实也是一个微自然，在这个小环境中孕育着各种生命，每个生命与其他生命都连带着各种各样的关系。

热带雨林造景是一种艺术创作，和音乐、绘画、电影一样。设计手法也包含了夸张、复制、留白、对比、透视等。当然，掌握这些美学技巧需要一定的学习和对审美的积累，这些都不是天生的，都是一点一滴学习的。景观需要有气势，那么我们就要用夸张的手法制作透视关系，把主题素材做在前面，做得比重大一些，这样会让整个景观更有压迫感，更有冲击力，符合透视的近大远小。如果我们要让景观更有意境，则需要掌握美学的空间留白手法，对于一个造景作品来说，制作得太满是很乏味的，所以需要一定的留白，让整体景观更有意境和韵味。

在热带雨林中，层级变化很多，在一个狭小的空间甚至会出现很多种雨林植物共生的状态，我们可以根据这一个特点，让景观植物更加丰富。如何在这个狭小的空间进行植物的设计？这就需要设计者了解热带雨林的植物生存特点及事先考虑好表达的作品属于雨林的哪一个层级：树冠层、灌木层还是地被层？在每个层级里都生长着哪些植物？我们只有了解大自然，了解热带雨林，这样，植物的种植位置和种植方法才不会有错误。

2. 多层次的热带雨林特征

热带雨林气候优越，生物种类极其丰富，供养了大量生物。对资源的竞争，导致生态位分化，形成众多生物层次。光线在热带雨林中的分布呈现这样的规律：在外层光线强，由于植物遮挡越往下光线越少；植物有喜光植物和耐阴植物，因此外层是喜光的高大的乔木，最下面是耐阴的一些草本植物。形成这种层次分布的主导生态因素是光。

不同植物，对光的需求量不同，要光照强才能长好的植物，长在最上层，接受最强的光照。对光照要求不太高的植物，长在中层，可以满足生活需要，对光照要求低的植物，长在底层，一点点光就可以正常生长了。

多层次结构的群落中，各层次在群落中的地位和作用不同，各层中植物种类的生态习性也是不同的。当今大致可以把热带雨林垂直结构分为五层：露生层、树冠层、幼树层、灌木层和地被层。每层都有各自与众不同的与周围生态系统相互影响的动植物。每一层都各有无数由不同生物组成的生态系统或循环。一个完整的热带雨林生态系统，最关键的就是它的营养循环系统。雨林生态系统营养循环的特殊性，在于几乎所有的能量都储存于生物体内，而非土壤中。

露生层

树冠层

幼树层

灌木层

地被层

热带雨林是复杂多样性的。树冠以上的露生层沐浴着阳光，是飞鸟的长落地带；树冠层则是很多动物的栖息地，一些哺乳动物也会在这个层生活，藤本植物缠绕其中，各种气生根由此向下垂落，形成巨大的气生根世界，也给各种附生植物提供了很好的条件；一些小型的木本植物生长在幼树层，虽然不及大型乔木沐浴着充足的光照，但这个层次的植物依然是很茂盛的；灌木层中很多耐阴植物，它们通过上层的雨水和透过叶间的散射阳光进行着光合作用，棕榈、蕨类植物等在这个层次是很常见的植被；地被层由于常年阴暗潮湿，肥沃的腐叶土覆盖在地面，苔藓、地衣、菌类、蕨类植物生活在这里，这层植物为耐阴植物。

表1. 雨林植被层结构

层	高度	主要植物	生长特点
露生层	30米或以上	乔木	单独生长，较为分散，有板根支撑，需面对蒸腾作用
树冠层	20~30米	乔木	树冠横向生长，形成连续一层，吸收了雨林中七成阳光和八成雨水
幼树层	10~20米	年幼树木	树干较细，树冠呈椭圆形；依靠林中少量的阳光生长
灌木层	5~10米	蕨类、丛木、灌木	多为耐阴性植物
地被层	0~5米	小植物如苔藓和地衣	几乎黑暗一片；不连续和茂盛；只在河边和林地边缘，才会比较茂盛

露生层：

也就是雨林上层林冠，雨林独有的结构。这些树木至少按照热带的标准来看是巨大的，其中一些超过了65米的高度，它们的树枝水平伸展着，有30米多高，这些大型乔木多为板根结构，沐浴着充足的阳光。

在雨林景观设计中我们很难表现露生层的地貌，所以这一层在景观设计中大多是忽略的。

树冠层：

树冠层是指那些虽紧密但分隔开的树木和它们的树枝的稠密的顶层。树冠层覆盖于其他各层之上，这一层中树木和藤蔓紧紧纠缠在一起。在热带雨林景观设计中会用大型沉木做景观主体骨架部分，这些大型沉木上方，比较多的接触光源的地方往往来模仿雨林中的树冠层，附生植物、喜光植物都会在这个层表现。

幼树层：

　　幼树层指冠层下面较小的树种和幼龄植株。幼树层能够接受到的阳光比较少。

　　幼树层在树冠层之下，距离地面11～20米的区域，大多存在的是一些小型年幼树木，由于树冠层的光线遮挡，这部分区域植物有相互竞争光线的特性，从而比较繁密，也是各种生物群落密集生存的地方。

灌木层：

　　灌木层基本上都处于阴影之中，指那些没有明显的主干、呈丛生状态，比较矮小的树木的生长层，一般可分为观花、观果、观枝干等几类，矮小而丛生的木本植物。为多年生。一般为阔叶植物，也有一些针叶植物是灌木。

　　灌木层是指植物群落里扩展着灌木枝叶的一层。在森林中灌木层发育于乔木层的下面，但在灌木林中则为最上层。树冠层生长得越不好，则灌木层发育得越好。

地被层：

热带雨林地被层是指0～5米 苔藓和地衣、蕨类，菌类等生物生存的地方，由于被高大树木遮挡，几乎黑暗一片；植物只能接受到通过叶片缝隙散射的阳光形成不连续植被，又称"地被物层""枯枝落叶层""残落物层"。通常可分为死地被层和活地被层，前者通常由枯枝落叶构成，后者常由苔藓、矮小草本和矮小半灌木等构成。

在我们设计热带雨林景观时，在狭窄的空间很难把全部五个层次都表现出来，露生层干燥且很高，所以大多不会表现露生层内容，树冠层是大多鸟类和哺乳动物栖息地，树叶茂盛，我们在缸中也很难表现这一层的内容。

在热带雨林景观中，运用得最多的植物是附生植物。

附生植物多种多样，我们喜欢用各种附生植物和地被植物去营造热带雨林的特征，这也符合热带雨林景观的特点，所以我们大多喜欢用幼树层、灌木层、地被层，及巨大乔木的树干部分种植附生植物表达雨林景观的特点，这三个层次的植物也适合在缸体环境中养殖，湿度温度和植物大小都很合适。

植物群落中，有一些植物，如藤本植物和附生、寄生植物，它们并不独立形成层次，而是分别依附于各层次中直立的植物体上，称为层间植物。随着水、热条件愈加丰富，层间植物发育愈加繁茂。粗大木质的藤本植物是热带雨林特征植物之一，附生植物更是多种多样。层间植物主要在热带、亚热带森林中生长发育，而不是普遍存在于所有群落之中，但它们也是群落结构的一部分。

3. 热带雨林景观设计的宏观与微观

我们如何把热带雨林景观"复制"到自己家中呢？

第一步是规划。手绘是必不可少的环节。当我们有了设计思路，有了景观的中心思想，我们可以运用手绘的方式在素描本上画出基础结构。

当然您可能不会绘画，没关系，这不是绘画比赛，我们的目的只是想通过这种方式"加强记忆"，让整体景观布局在头脑里更清晰、透视、留白、焦点，空间比例、黄金分割等都会在手绘时设计出来，这样，我们在缸体里制作的时候就会更加得心应手。

其实雨林景观设计和平面设计、立体设计一样，都有各式各样的关系在里面，当你拿起笔，画出想象中的木头、石头、植物的前、中后关系时，这个景观其实基本上已经在脑海中有了明晰的轮廓了。

热带雨林景观更接近于植物生态空间设计，所表现的是植物和美学的融合，相对于水草缸体，雨林景观可以更大更多变，不会局限于水体之中，甚至可以设计出还原度高的1：1的局部热带雨林实景。

景观手绘表达是景观方案设计最行之有效，不可替代的一种重要表达方式。景观设计手绘是将科学理性分析和艺术灵感创作融为一体的综合性很高的一门艺术。手绘草图在前期方案创作中对创作灵感和创新思维所起的作用非常重要。景观手绘能对景观设计起到帮助的作用，能对实际方案项目实践过程中所发现的一些问题进行方案探讨，总结出相应的解决办法。在进行景观设计前，最好进行景观手绘。

然而雨林景观和建筑设计、庭院设计还是有不一样的。植物的特性、生长方式、光照、喷淋等受限制等是这种设计门类的特殊之处。所以在前期设计时需要把硬件设施和植物种类位置、水体过滤以及流向安排好。

热带雨林里特有元素很多，需要考虑层级关系，还要注意稀有植物的养护及附生共生关系、水体（瀑布、溪流）的设计等。在设计之初，需要考虑，什么样的设计和整个空间融合度会更高。鲜艳的凤梨、充满野性的藤本植物、充满原始感的蕨类、附生性的兰花乐园，都可以作为设计的内容；雨林低地的亚马孙、安第斯山脉云雾林、神秘黑暗的婆罗洲热带雨林，这些都可以作为创作的灵感来源。

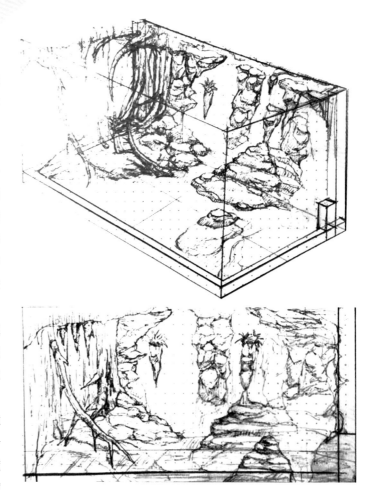

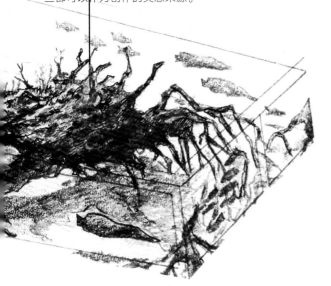

构图、比例关系、透视关系、色彩构成、黄金分割等美学构成关系和植物的结合也可以通过手绘方式在最初的设计中呈现，目的是能更好地把控整体景观设计布局。另外，植物的选择，叶型的选择，石头及沉木的大小、方向、角度、明暗等也是前期设计中需要特别重视的元素。

4. 特色景观的灵动美感：溪流与瀑布

高山、树木、湖泊、瀑布、溪流等都是景观设计里可以借鉴的自然元素。热带雨林中，经常会看到小溪。溪流蜿蜒曲折，穿绕石间、草丛，流水潺潺、形态优美。根据环境功能和艺术要求，可设计成时分时合、时隐时现、时急时缓的流水。溪流景观可以分割空间、联系景物、诱导浏览、引人入胜。它是热带雨林景观设计中最常用的形态之一。

中国的九寨沟地区，由于储水量丰富，地势高低错落，形成了大大小小的瀑布和溪流

中国云南高黎贡山，鬼斧神工，塑造了无数雄、奇、险、秀的景观，呈现了银河飞溅、奇峰怪石、石门关隘、峡谷壁影等一幅幅壮景

天目山，地处中国浙江省西北部临安市境内，浙皖两省交界处，因东、西峰顶各有一池，宛若双眸仰望苍穹，由此得名。主峰仙人顶海拔1 506米。天目山峰峦叠翠，古木葱茏，有奇岩怪石之险，有流泉飞瀑之胜。徒步沿着下游河道向上游走去，溪流时缓时急，偶尔形成一片水潭。宽鳍鱲、鲤科光唇鱼是这里溪流的常客，石头上的石菖蒲，路上的昆虫硕布甲、蟾及树蛙等物种在天目山都可以看到

青城山后山在中国四川都江堰市泰安乡境内。景区距成都70公里，面积100余平方公里。青城山后山一路飞瀑和水潭，风景好的路线都是溪水流经的路线热带雨林景观设计是一个特殊设计门类。在热带雨林中，由于地势落差，常年降雨，会形成各式各样的溪流瀑布水潭，这也是雨林景观的一大特点。溪流是景观的一个重要元素。雨林本身是静态的，但我们设计出的景观希望是在人内心"萌动"的，达到心与景的和谐统一，这样才是好景观。溪流如果设计得好，可以让景观增加动态效果。我们需要根据景观去设计溪流的方式和大小，这要用到一些设计理念。

一个热带雨林景观中往往会由水上、陆地、水下组成，那么水体的部分需要有过滤循环系统，这样才会使水体保持干净，水生物才可以成活，我们恰恰可以用过滤系统去营造由陆地转向水下的溪流装置，做到实用和美观的融合统一。

如何营造溪流景观？

先要选择适当流量（扬程）的水泵，然后，用粗生化棉绑住泵头防止杂物堵塞。泵的周边可以用生化球、陶瓷环等起循环系统的生化过滤作用，上面铺水苔或者植物纤维棉进行水陆分离，然后从泵中引入水管即可。

我们可以根据设计溪流的走势进行分流，在大自然中，溪流往往是在很多石组中间穿过的，所以我们可以设计很多条溪流，也可以设计成一条溪流，通过水泵抽到储水层，在储水层进行低位分流。这样不仅构建了过滤系统，而且把过滤系统当成了景观的一部分，这样可以达到一举两得的作用。

水体

水泵

从山壁上或河床突然降落的地方流下的水，远看好像挂着的白布，这在地质学上叫跌水，即河水在流经断层、凹陷等地区时垂直地从高空跌落的现象。通俗的称呼就是"瀑布"。

瀑布在景观中的运用可以体现出景观的高度和气势，让整体景观更具有"压迫感"。

（本页图片拍摄于日本箕面市）

溪流是自然山涧中的一种水流形式，往往以缓流的形式
出现在雨季的山涧，在我们设计溪流作品时可以借鉴自然界
中溪流的形态。如上图，最近的石组1到最远的石组6是由大
到小递进的关系（这里说的大小是视觉透视的大小，并不是
实际自然界中石头大小）1～6布局是左右左右依次有节奏感
的递进，且并不是一条直线延伸，而是蜿蜒曲折地经过ABC
三个阶梯水潭形成落差的溪流形式。在视觉上溪流是可以断
掉的（实际不断），这样的遮掩效果增加了溪流神秘感和作
品的意境。如果溪流没有变化地，直线条地直接"泼"下
来，那么这作品是匠气的、索然无味的。

如何设计瀑布景观？

瀑布和溪流在雨林景观中可以增加景观趣味性，增加动感，让整体景观动静结合，具有真实感和生命力。那么，我们如何设计一个合理的瀑布呢？

通常瀑布和溪流是一体的，我们做景观时，往往远景进行瀑布设计，蜿蜒出溪流的走向。瀑布一般可以通过抬高地形，用叠石形成跌水来表现。我们可以用人工瀑布模仿自然景观里的这一现象，采用天然石材设置瀑布的背景和引导水的流向。人工瀑布因其水量不同，会产生不同视觉、听觉效果，因此，落水口的水流量和落水高差的控制成为设计的关键参数，这些和具体景观的大小高低及比例是瀑布设计的重点。

在热带雨林景观设计中，瀑布的跌落形态也是多种多样，如段落、传落、片落、分落等，水流也可以分为激流和缓流等。

片落瀑布

制作时需要考虑瀑布高度，水量及瀑布高度越高，水越大，越显得瀑布气势磅礴，高度低的则显得悠然柔和。为了让瀑布气势强，水量多少至关重要，我们可以选择流量大的水泵营造强水流，通过片落方式使瀑布气势磅礴。

传落瀑布

在自然界中，这种类型的瀑布通常出现在深山里，所以周围可以布置叠石和植物来表现。传落，顾名思义，是阶梯式传递形式出现的。为了增加透视关系，可以一层一层地由小到大，由远至近进行设计。

段落瀑布

顾名思义就是瀑布一段一段地跌落，分为两段落、三段落，甚至更多。段落瀑布由大量石组组合，中间是相对平的镜石，大量石组组合的段落瀑布很好地体现了自然野趣。半遮半掩更显得有节奏感，是热带雨林造景中常用的一种瀑布设计方式。

分落瀑布

通过一块大石头对水流进行分离，瀑布周边分布着"水敲石""水分石"等石头增加气氛，也可以对水流进行缓流与急流的分割，让景观更有趣。

当然，我们设计时大可不必被这些套路束缚，不必要模式化，而应当发挥个人对自然的理解力，大胆地布局，贴近大自然的设计才是最自然的。

溪流和瀑布经常密切相关。有时我们会把这两者的设计做个通盘考虑。在设计瀑布和溪流时，我们要了解大自然中瀑布和溪流的形成特点、瀑布的跌落方式、溪流走势。在缸体中的瀑布和溪流与大自然中的区别是空间上有限制。我们目的是在缸中设计出幽深神秘的大自然，所以需要我们在设计景观的时候以一定美学的方法让景观的景深更加远，作品更有意境。可运用水泵把水池水抽到一定的高度，水体沿着出水口下落，自然会形成瀑布一样的水流，我们要对这个水流进行刻画，按照在大自然中溪流与瀑布的样子进行设计布局。

要选择相应合适的水泵。如果要体现出瀑布的气势磅礴，可以选择大功率的水泵。一般购买的水泵说明上有扬程距离，这个距离是垂直高度，所以我们可以按照说明书的高度再加至少1/3的流量来选择合适的水泵。用水泵做出的瀑布的出水口是一个点，我们可以因地制宜制作一个积水潭，出水的位置稍低。要注意的是，瀑布的出水面积和水平的出水口长度有关系，越长，出水面积越大，反之越小。

在大自然中，溪流是看不到尽头的，但是雨林缸空间有限，所以要运用透视关系去"欺骗"人们的眼睛。瀑布跌落的几种方式我们都可以选择，也可以在缸内的整条溪流上设计几个小水潭，当水积满小水潭的时候会自然溢流出来，其实这也是借鉴了真实的溪流状态。一般来说，瀑布是垂直的，溪流是蜿蜒的，我们可以把出水口设计在雨林景观的高处，但切记一定不是缸内"山峰"的顶部，这样会不自然。然后选择自己喜欢的跌落方式。这个方式和自己作品想要表达的中心思想有关，如果想突出瀑布的雄伟壮观，那么就要选择大的水泵在景观高处出水；如果作品想表现出唯美蜿蜒的感觉，那么就可以选择断落分落的形式。溪流可以用缓流的方式设计，可以给整段溪流设计几层障碍，不可以像一条笔直的直线直接冲下来，这样的溪流会很不自然。

因为缸体空间有限，往往会运用透视关系进行设计。阻碍水流的石头也是近大远小的原则，也可以进行一些遮掩，给人以想象空间。溪流可以采用不等边三角形的设计，最远的出水口是一个点，越近会越散，面积越大，这样形成倒三角形，反而呈现了透视关系。

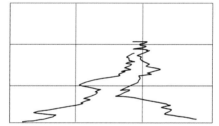

232

瀑布在整个景观的位置设置、水流走向、跌落方式都是十分重要的，一般在设计时，通过"黄金分割法则"进行出水口位置的设计，则水流走向可以向反方向设计，这样不会觉得瀑布和溪流死板。太居中、太直接的设计往往会让人觉得拘谨。

太居中（×）

⟳ 瀑布落水口位置设计在景观的正中间，会显得整体构图死板生硬，不够自然

🎧 落水口在山顶（×）

突然出现在山顶的瀑布，看着不自然也不稳定，不建议把落水口设计在顶部

周边植物高于落水口（√）

⟳ 虽然周边地形低于落水口，但周边植物的高度高过落水口，这样的设计也是自然的，能够表现出山野的形象，也可以营造出跌水的趣味和自然感

我们在制作溪流瀑布时，都是用石组进行堆砌垒高，并不是为了做景而做景，一定要按照美学原理进行垒砌，前后左右进行空间布局，需要遵循的一个原则就是尊重大自然规律

⤺ 左右石头大小需要有变化，视觉上才不会感觉过于对称

  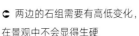

⤺ 两边的石组需要有高低变化，在景观中不会显得生硬

 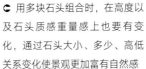

⤺ 用多块石头组合时，在高度以及石头质感重量感上也要有变化，通过石头大小、多少、高低关系变化使景观更加富有自然感

⤺ 因为透视关系是近大远小，所以摆放石头时，需要把大块石头摆在前面，这样空间感透视感更强烈

🎧 从图中可以看出，视觉焦点是瀑布落水，但落水方向如果正对着人，则显得表达太直白，缺少变化，难以产生立体感，也感觉不到特别有情趣。通过叠石掩盖一部分落水，增加空间感，使水流走向趋于斜向，这样让整个三维空间更立体，更具有趣味性，这和其他造景是一样的道理，都需要充分利用前后空间进行错位设计

不管设计什么样的溪流和瀑布，我们都要尊重大自然，臆想臆造的东西往往是不自然不科学的，也会让人看了不舒服。在九寨沟有各式各样的溪流瀑布，流向方式也都各不相同，大自然赋予了它们一种自然感，我们可以借鉴自然界真实景观来设计我们的作品。如在设计溪流时，要考虑到细节，有的溪流会有断流、分流，形成一个个小岛，小岛上还附生各种植物或者生长着灌木，水围绕着这些小岛向下流淌，这样就十分富有韵味。那么，我们在做景观的时候也可以通过断流做成小岛或者礁石，上面也附着喜水的植物，比如菖蒲、苔藓等，这样会让景观更有趣更自然，我们还经常在溪流边看到倒伏在溪流中或溪石上的一些树木上附着着各种苔藓和小型植物，我们在做雨林景观的溪流或者瀑布时也可以用这种方法增加自然感和原生"跨越感"，给景观增添更多的趣味和层次。

在自然界，溪流边的树木和灌木的生长方向经常是向溪流的位置倾斜的，这是由于树木根部常年受水流冲刷，沙石流失大，树木不稳的缘故，所以倒下的树就会向溪流方向倾斜，所以我们设计景观时也可以利用这个自然现象去创作。

珍珠滩瀑布，是九寨沟内一个典型的传落组合瀑布景观。是拍摄《西游记》的地方

溪流源头往往是神秘的，不宜直白地流露，需要被遮挡。这样景观才更具有神秘性，这就是设计上的留白。我们在设计溪流时可以用叠石、树木、灌木、花草进行一定程度的遮掩，给人神秘感和深渊感的意境。溪流出水口是景观的最深最远处，在设计时，往往通过一个点渐渐形成一个面。

水流的方向、形态、位置，通过石组的疏密变化，大小变化，形成多种流向方式，而不是呆板地一条直线地流淌，这样蜿蜒富有变化的设计也会增加溪流的趣味性和真实感。

溪流的走向如果是直线的、是没有变化、乏味的设计，石组用相同体积大小的排列组合就会显得景观更呆板、平庸 ↻

我们可以通过石组的位置和大小来制作溪流的走向，让溪流更有蜿蜒曲折感，石头通过大小远近变化，让整个溪流更有韵味 ↻

↺ 驳岸是亲水景观中应重点处理的部位。驳岸与水线的关系决定了景观的自然性，是人与景观的结合体，其大小、方向、位置、结构、透视关系都可以使景观更具立体感和意境。石材距离水面不要太高，以人手能触摸到水为好，不要限制人和水面的关系

溪流和瀑布的组合，总的来说就是，瀑布可以安排在溪流的最顶端，出水口安置在石组高处，且周边会有植被附着，这样不会显得呆板，也会增加包裹感和自然感。瀑布可以用树木和植物适当遮挡，不要一眼看到，这样会增加景观的神秘感。石头的组合可以用大小不一的石块，按照近大远小原则设计，近稀远密也可以增加透视，铺设石组时不仅要注意大小变化，也要有节奏感，让整个溪流蜿蜒曲折。另外，我们还可以在石组周围铺设小型的添石，实际上，大自然中大块山石下方往往有散落的小石块。

5. 特色景观中的意境高手：苔藓

苔藓植物（Bryophyte）属于最低等的高等植物。植物无花，无种子，以孢子繁殖。可作为监测空气污染程度的指示植物。

苔藓植物是一个统称，"苔"和"藓"是两个门类：苔类植物门、藓类植物门。它们是植物界最古老的生物，但它们又是高等植物中的低等类群。其实，苔藓植物作为重要的生态资源，在生态环境中的作用是巨大的，它不仅为其他生物营造出各种各样的生境，人类和其他生物也需要依赖它来维持生态系统的平衡。

全世界约有23 000种苔藓植物，中国约有2 800多种。由于苔藓植物的配子体占优势，孢子体依附在配子体上，但配子体构造简单，没有真正的根，没有输导组织，喜欢阴湿，所以在有性生殖时，必须借助于水，因而在陆地上难于进一步适应和发展，这都表明它是由水生到陆生的过渡植物类型。

在云雾林中，苔藓几乎布满了整个树木和地表，形成了壮观的苔藓森林，这些苔藓附生在树木表面，常年吸收空气中的水分，也给树木营造了适合生存的湿度。

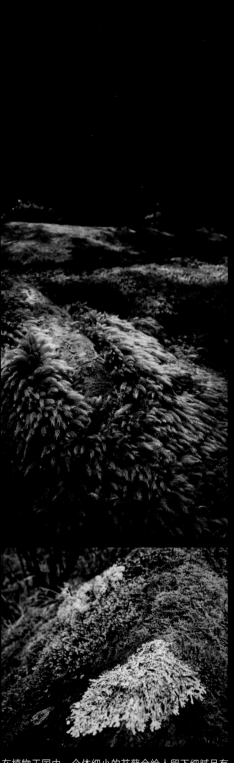

在植物王国中，个体细小的苔藓会给人留下细腻且有质感的感觉。苔藓也是热带雨林景观中非常重要的一部分。缸内的背景板、石头表面、溪流边、植物周围都可以种植苔藓，让景观更加自然细腻

雨林景观中的苔藓及应用

唐代刘禹锡在《陋室铭》中说"苔痕上阶绿，草色入帘青"。中国自古以来就有诸多文学作品描绘和记录了这样一类独特的绿色植物，这种植物就是苔藓。

苔藓，喜欢生长在潮湿的地面、岩石和墙壁上，仿佛是大自然的一张张绿茵茵的地毯和壁毯。苔藓植物是植物界中能干的"拓荒者"，同地衣、蓝藻一起被称为开路的先锋。如果没有这些植物作先锋，那些裸露沙地、荒漠和岩层等，将永远是不毛之地。

在热带雨林造景中，苔藓也是整个景观中不可或缺的一种重要的材质。细腻、柔美、有生命力、质感丰富等词语都可以形容苔藓的美。

在大自然中，苔藓是经常可以看到的，屋檐下、墙壁上、地面上、树皮上，到处都有它们的身影。

在大自然中，苔藓不仅巩固了微环境中的生物多样性，也成为了雨林中动植物的栖息地：植物的根系与苔藓的共生，动物可以运用苔藓制作自己隐藏的住所。

❶ 孢子植物是指能产生孢子用作生殖的植物总称。用孢子繁殖的植物，主要包括藻类植物、菌类植物、地衣植物、苔藓和蕨类植物五类。孢子植物一般喜欢在阴暗、潮湿的地方生长，属于真核生物（图为孔雀尾藓的孢子体）

苔藓受环境影响很大，不仅要有一定的湿度和光照，对外界环境也非常敏感，所以经常有人说，苔藓是最难养的植物。它们仅有简单的假根分化，所以容易受周围环境影响，经常会出现干枯死亡。

在日式景观庭院中，苔藓是非常常见的植被，因为日本的地理条件，空气湿度和温度非常适合生长。

日式庭院里到处可以看到苔藓的踪影。如以石为岛，沙为水，依山而建的京都祇王寺，寺中庭院空气湿度很大，满寺院遍布各种苔藓。

日本京都三千院

日本京都祇王寺（苔寺）青苔满铺 绿树成荫

苔藓在水陆景观中也是必不可少的元素，可增加整体景观的细腻感和绿色面积。在景观中可以种植在土壤中或者石头上，形成石组与植物中间的过渡，便整个景观不至于很突兀。另外，苔藓也给周边植物保持了小环境的湿度，一些附生植物可以把根系扎在苔藓中生长。

可以说苔藓在潮湿热带雨林中无处不在，特别是灌木层和地被层，充斥着各种苔藓，树枝、石头，整个被绿色苔藓包围着。我们做的热带雨林景观中合理利用苔藓细腻的质感及附着方式，可以设计出更自然的造景作品。

请看下图的设计实例。

远处背景板利用苔藓的细腻特征，把它作为景观设计的远景绿色"虚化"设计。木头上和石头上局部生长的苔藓增加景观的自然感。景观的溪流边潮湿地带更是苔藓生长的最佳位置，往往经过长时间养殖，苔藓会连成片，让景观更富有自然感。

苔藓的背景可以用椰土、封闭水苔、蛇木板、树皮等等材料及发泡剂塑形等方式固定。这些附着物都有一个特点，保水性好。但我们知道，苔藓需要的不是一直浸泡在水中，这些附着物在保湿的条件下还需要外界的喷淋系统进行定时喷淋或者滴灌，使得小环境保持相对稳定的大于50%的湿度。根据大环境空气湿度变化，季节变化，应相应调整喷淋时间和次数。如果发现苔藓变黑或者霉变，我们就要相应减少喷淋次数，适当进行通风透气，否则霉变现象会非常快地蔓延，如果发现苔藓经常发黄发干，特别是在干燥的春秋季节，我们就要相应提高喷淋次数，以达到小环境的湿度标准。

每种苔藓的生存状态会有些差异，比如一些苔藓喜欢潮湿环境，比如绒藓、青藓、大灰藓、小灰藓等，我们可以把它们附着在背景墙及阴暗潮湿和喷淋直接喷到的地方，或者离溪流近的水潭边；在喷淋喷不到的地方，或相对环境比较干燥，或者喷淋雾化不能直接喷到的地方，我们可以种植羽藓、白发藓，比如背景墙的顶部和一些骨架树干上。但我们说的干燥是相对的，总的来说，苔藓还是一种喜潮湿的植物，在苔藓根部可以用干水苔或者腐植土护根，用于根部的保湿。

苔藓的养护

苔藓是植物中初级生产者，和其他植物一样也会进行光合作用，在大自然中，苔藓不仅巩固了微环境中的生物多样性，也成为了雨林中动植物的栖息地，植物的根系与苔藓的共生，动物可以运用苔藓制作自己隐藏的住所。

苔藓属于阴性植物，日照需求上，散射光或者专业雨林植物灯就可以。另外，还需要有一定的湿度和通风条件，但每种苔藓在景观里的使用环境并不完全相同，下面我们介绍几种在热带雨林景观中比较常用的苔藓的养护知识。

在雨林景观养护中，苔藓是最难维护的，容易出现黑变、霉变、干枯死亡，对于苔藓的养护，并不是我们想象中的越潮湿越好，不可以一直浇水浸泡。大部分苔藓只是喜欢潮湿的大环境，湿度波动不可以太大，浇水要浇透，切不要积水。避免阳光直晒，自然环境中建议早晚进行喷雾，苔藓一年四季都可生长，不会受到季节影响。

苔藓喜欢酸性土壤，怕积水，喜欢透气的环境，所以我们雨林缸没有排水的情况下，应该进行水土分离的工作，缸底部积水层需要垫轻石、火山石颗粒等基质层，用干水苔进行隔离；种植层用泥炭土，赤玉土就好。如果是玻璃器之类的，在容器里放置一些小石头或陶粒也可以。给苔藓浇水还要选择恰当的时间，清晨为佳，切忌在较高温度的阳光下浇水。至于什么时候浇水，可以通过观察苔藓的生长状态来决定，主要是观察苔藓的"芽"是否饱满，是否有新芽绽出，颜色是否偏黄，偏黄有可能是因为缺水或者湿度不够造成。

适合苔藓生长的环境和适合人居的环境非常相似：小环境气候稳定、有一定的湿度、通风透气、有适度的光照。它的最佳生活环境是户外或接近户外的环境，最好是朝东南的半阴半阳处。

清晨的露水和微弱的阳光是苔藓们的最爱。很多人以为，苔藓喜欢阴暗潮湿的环境，其实这种看法并不正确。想让苔藓长得好，就一定要给它一定的阳光，但是最好是微弱一些的散射光而非直射的强日光。

苔藓与其他植物有很大不同，它的根部基本只起到攀附固定植株的作用，主要依靠叶片吸收空气中的水和微薄的养分。空气湿度不够就会自动进入休眠状态。此时颜色就会变得灰绿，或者黄绿色，这并不是死了，这个缺水的休眠期可以很长，当接触水后，马上会变青翠绿色。

培植苔藓不需要特别的土壤，一般土壤都可存活，也不需要特别施肥。湿润状态下的苔藓需要小心呵护，避免短时间内温、湿度剧烈变化，避免重复忽干忽湿，避免暴露在过热的阳光、冬季干冷的空气或空调风口下，否则活动状态中的苔藓细胞很容易受损。

切记苔藓最怕桑拿般的高温潮湿，一般25℃左右会比较适合苔藓生长。

日常养护宁可干一点，也不要过湿。自然干燥休眠的苔藓浸透水还能复原，但长时间湿漉漉的苔藓，一旦温度调节不善就容易损伤。

每种苔藓在景观里的使用环境并不相同，下面我们介绍几种在热带雨林景观中比较常用的苔藓。

绒叶青藓（*Brachythecium* Schimp）

喜湿润，但不耐水湿，匍匐生长，对周围空气湿度要求较高，所以只用于雨林造景缸比较多，水陆缸也有应用，常取适当大小的铺设于前景比较潮湿的区域替代草坪的效果。

灰藓（*Hypnum cupressiforme*）

与长绒青藓的生长环境相近，喜湿润，但不耐水湿，可做铺面苔藓使用，或者搭配其他生长环境相近的苔藓使用，以求细节层次的丰满和多样化。优点：易于成活，易于打理。缺点：攀附性不强。

沙藓（*Racomitrium canescens*）

被很多人称之为"星星藓"的沙藓，野外一般在溪流旁或林间沙质土壤中生长，其黄绿色的丛生外形特别适合与其他苔藓，如金发藓、白发藓、曲尾藓等苔藓进行组合造景，使景观的层次更加细腻生动。

羽藓（*Thuidium tamariscinum*）

攀缘型苔藓中最耐干旱的苔藓之一，几乎全国都有分布，野外阴凉潮湿的石头和土层上均有它的踪迹。对石头的材质并不挑剔，都可攀沿生长良好。优点：易于成活，攀附性极强。缺点：冬季气温较低时会有部分出现黄叶现象，可适当修剪。由于其攀缘性优于其他大部分苔藓，所以在雨林造景中可以附着在背景墙上，或者植于沉木或岩石上，待一段时间后，蔓延的状态可以使景观更加自然。

尖叶匍灯藓（*Plagiomnium acutum*）

很漂亮的一种苔藓，因为是可转水中种植，所以很耐湿。比较适合扦插在湿润的或有水流过的石缝中，所以在造景中多作为模拟悬崖和峭壁的植物带植物之一，有一定的悬垂效果，攀爬能力不错。野外采集多在树皮和树阴下的土层中发现它们，采集回来后清洗掉泥土，分成小份扦插。优点：模拟悬崖植物悬垂效果不错，叶色青绿，叶形雅致。缺点：如果周围空气湿度较低，叶尖容易发生干枯。

白发藓（*Leucobryum glaucum*）

白发藓科白发藓属植物。甚粗壮，不规则丛集或散列的苔藓类，灰绿色或灰白色。茎直立或倾立，长可达8厘米，不规则疏分枝。可用于微景观或者相对干燥环境中种植的苔藓，种植简单，根系相对发达，可种植于腐植土、赤玉土中。白发藓相对其他苔藓更加耐旱，不宜种植过于潮湿环境，在干燥环境叶片灰白色，遇到温润潮湿且通风环境叶片会返绿，是水陆景观常用的苔藓之一。

苔藓在景观里附着的方式很多，要保证区域环境的湿度，根部需要一定的保湿，所以要有基质去养护。基质可采用赤玉土、水苔、泥炭土、椰土等。

热带雨林是彩色的，多变的，在热带雨林景观设计中，可以运用颜色变化进行设计，红、黄、蓝、绿等颜色都会在雨林中找到：美丽多彩的积水凤梨、群生多变的秋海棠、苦苣苔多彩的花、千奇百怪的兰科植物都可以运用到热带雨林景观设计之中。当景观中运用色彩丰富的植物时，会给人更多的奇异感，让人惊叹于大自然的神奇，用颜色多彩、绚丽的植物来突出大自然的瑰丽多姿，这种方法也是我们设计热带雨林景观时经常运用的。

6. 热带雨林景观的色彩运用

　　曾有项国外科学实验证明，人的视觉器官在观察物体最初的20秒内，色彩感觉占80%，形体感觉占20%；2分钟后，色彩感觉占60%，形体感觉占40%，5分钟后，色彩感觉和形体感觉各占一半，并且这种状态将持续下去。可见产品的色彩给人的印象鲜明、快速、客观、明了、深刻。特别是对于冲动型、激情型的顾客群体，鲜艳明了的产品会一下子满足他们的购买欲望，瞬间效应特别明显。

　　热带雨林的物种多样性，色彩丰富性是其非常显著的特点，一些珍稀的色彩特殊的动植物因为这种特殊环境应运而生，相近色、对比色应有尽有，除了形态的差异化，色彩也是热带雨林景观中最为显著的元素。一株鲜艳的积水凤梨、一丛形态颜色特别的秋海棠、无意中在植物丛中开出的兰花、都给热带雨林景观添加了一抹特殊的色彩。

用附生半附生颜色多样的开花植物做垂直绿化也是一种雨林景观的设计方式。通过垂直墙体附着基质，基质可以用干水苔，或者珍珠岩与泥炭土1:1混合置于养殖盒中，附生植物可以选择肌理效果好的植材，如植纤、软木、树皮等及附生根容易攀附的雕刻背景板等，运用自动的喷淋和滴灌进行保湿浇水，可以根据植物种类和当地不同的气候来设定

从第一批蕨类植物诞生开始，植物用了整整2.6亿年才进化出第一朵花。或许一般人很少去思考花出现的意义，但花的出现改变了植物的繁殖方式，使得植物的足迹能遍布整个地球，甚至在热带雨林景观设计作品中，也有植物能够开出各色美丽的花。热带雨林景观设计作品中的微环境可以满足许多附生性兰花对环境苛刻的需求，高高的背板也为这些附生的兰科植物提供了歇脚之处。

新加坡滨海花园云雾林展厅的垂直墙体设计，通过人工模仿自然界的环境，使展厅的开花植物保持很好的状态，这是色彩在植物设计中的精彩范例

7. 热带雨林景观的设计语言系统

语言的目的是交流意见和思想等，设计语言就是把视觉设计作为一种沟通方式用于特定范围或场景内做适当的表达，进行特定的信息传达，设计语言是一种能够被解读的表达。热带雨林景观的设计语言来源于大自然，运用自然元素加之自己的设计风格给人传达出一种自然的语言，运用植物特有的表现力、生长方式、颜色，加之设计师鲜明的自然定义和富有表现力的色彩及美学构成的特殊设计，可以让景观在多种应用场景下阐述大自然，传达出景观的自然属性。

居室的一盆色彩艳丽的热带植物，街边的一面热带雨林植物墙体，水族馆的一片热带雨林景观都涵盖了自己的设计语言，不同环境视觉表现力不同，但相同的是其景观的自然属性。

景观的设计语言通过视觉、构图、构成、概念、色彩等来表达设计师内心的独白。一个成功的设计推出，往往都要从审美原则出发，从中提取适合空间融合度的视觉效果。此景观（见右图）陈设在一家口腔医院的大厅，设计师通过巨型古树与附生植被的组合还原了原始雨林的真实局部，传递了设计师绿色环保的概念和充满了视觉冲击力的设计语言。

（1）热带雨林景观的构思与构成关系

构思是景观设计前的准备工作，是景观设计不可缺少的一个环节。构思首先要考虑的是雨林景观的位置和大小，充分利用场地条件，设计出适合人们观赏且在其空间的舒适度与合理性，过于大或过于小都会影响人们的感受，所以前期设计师心里要有一个最终成景后整体空间的视觉效果的整体感觉。

对于景观内容本身的构思是每一个设计师都非常注重的，热带雨林千变万化，在有限的空间去表达自然界中的一种现象，溪流、瀑布、树木，丰富的植被都可以作为构思素材进行设计。溪流的方向与跌落方式，石组的布局与透视，溪流两边树木与枝条的粗细，植物和景观的融合度等，只有多观察大自然，亲历大自然，感受大自然带给自己的神秘感，自己的创意思路会更加广，毕竟大自然是最好的老师，借助热带雨林的特征去做构思是我们常用的手法。

在构成艺术中，二大构成是学习艺术设计的最基础，大体可分为平面构成、立体构成、色彩构成，在雨林景观中，构成关系也可运用在热带雨林景观设计中，构成，是通过形状、大小、色彩、位置、方向、肌理等加以表现雨林景观的艺术特征。

平面构成是按照美和力学的原理，进行编排和组合，在当今社会设计门类中都有应用。比如其中的点线面关系，在各个领域都非常常见经典。对于景观设计，平面构成是否成功就是看到景观第一眼是否舒服，是否稳定，是否构图合理。

色彩构成是介绍色彩的一些知识，对比色、相近色、明度、灰度、暗部结构等。关系到画面的色彩搭配是否协调，调性表达是否准确。雨林是多彩的，认识各种颜色搭配，对在雨林设计中的色彩运用的影响是非常大的。好的色彩搭配会让作品更出彩，但是搭配不好色彩，可能会让作品失分。

立体构成是以实体占有空间，并与空间一同构成新的环境、新的视觉产物。由此，人们给了它们一个称谓"空间艺术"。立体构成会影响所做画面的构图、透视等是否正确，其实热带雨林景观就是一种运用植物设计的空间艺术，所以立体构成是需要了解的。

黑白灰、点线面、留白、透视、焦点等构成关系在每一个景观中都起到了非常重要的作用，所以我们不仅仅是把大自然带回家，更要通过构成关系创作一件有生命力有艺术感的美学作品。

无论是用木头还是石头，当构思好一个创作主题，就可以根据构成关系进行硬景观设计。主题可以以树木为主，也可以是石头为主，通过平视视角，决定作品的构图，无论是三角构图、凹形构图还是凸型构图都可以作为平面构成的方式，要根据现场环境决定用哪种。

以下图为例。

图中通过4和6的左右树木形成基本凹形构图，两组树形成焦点透视，透视关系中近大远小、近实远虚、近疏远密，近高远低在此景都有运用。远处5的红色凤梨把视线向后景引到消失点位置，形成空间感。3的横跨木头为了接近自然界中倒掉的树木，在构成关系中，形成了平面构成的"线"把1和2连接起来，让左右构图更具有连带性，也更完整。1和2的部分运用大块石头作为前景压暗光线，来突出中远景的植物群落等内容，暗一亮一暗一亮的递进关系也是景观构成关系中经常运用的一种手法。在雨林景观立体构成中，也可以运用植物形态特征营造空间感，比如大型叶片的天南星可以种植在景观的中前部，细腻的植物种在中后部，这样也可以有一种融入感和景深感。

（2）雨林景观中的留白

山水画中的留白是中国画布局的一种独特的艺术语言和表达形式，有着中国传统哲学，美学思想的文化渊源，是从古至今的理论家都在不断研究的课题。留白在山水画章法中有着重要的作用，看似无形的空白，在白纸上却包含着丰富的文化内涵。留白在山水画章法中的运用还有深刻的内涵和广阔的外延，对我们当今艺术创作的传承和发展有着重要的研究意义。

不仅是绘画，音乐、写作、建筑设计、庭院设计、热带雨林景观也一样，恰到好处的留白给人以想象的空间与艺术的美感。从树阴下仰望浩瀚的天空，脚下缓缓的溪流，远处的瀑布，空中满布的云雾，都可以作为留白空间进行设计。

在景观设计中，各种设计手法、场景汇合堆砌，难免使得设计过于繁琐俗套，这时候，恰到好处的留白就极为重要，可以突出主题，营造出强烈空间感，还能更好地表达空间意境。

下图中左右繁复的树木和附生植物的群落，视觉结构很满，产生"不透气"的压抑感。中间的位置运用了留白的设计，整体显得空旷透明，用一根斜向上的巨大木头倒在了左右树木群之间，整个中间区域简洁有力度，也很好地突出了作品的主题。运用得当的留白使得倒木上的藤本植物和附生植物相对两边比较满的设计独立起来，让作品更加有主题性。元素越少，人的注意力越集中，周围的留白面积越大，空间感就会越明显。

雨林景观中的"满"与"空"即对立又统一。雨林植物形态各异，如果一味地做加法，景观会显得人工堆砌感明显，杂乱无章。在真实自然界，每一株植物都有着生长的时间感，也有着竞争关系，并不会在狭小空间内生长着满满的植物。在设计景观时，一定要注意留白处理。图中运用背景的"空"来体现前景的植物，这样莲座型的凤梨会更加显眼突出，不会显得景观很乱。如果在背景板上堆砌很多植物，视觉焦点就会模糊，混在一起，没有主次，想表现的越多，其实相反什么都没有表现清楚。一般情况下，雨林景观空间有限，适当的做加法和减法更容易控制景观的构图与空间感。

如下图，在景观留白区域可以用布满绿色苔藓的背景板或通透的玻璃来设计，不要有过多的植物和颜色，越单纯越能突出斜木的主题性。

（3）景观设计中的"虚实"与意境

虚实空间是相对的，热带雨林景观设计元素中"实"是指景观中的实体景，比如山石、树木，植物等；"虚"是指与实体相对应的虚景，比如绿色的背景，天空、水面、光影、雾气等。和其他设计一样，虚实的对比设计也是必不可少的表现手法，它不仅丰富景观层次及意境，而且使人们的视觉和心理感受增强形式美，加强空间的审美效果。

从美学上考虑，虚与实，动与静，少与多等矛盾因素都是互为因果的，这种美学观象正是虚实关系中最直接的体现。图中运用了虚实、动静、明暗的对比手法，突出了色彩艳丽的N属积水凤梨，此为实，为静；背景的苔藓墙体在作品中是虚化的，需要有延伸感，和摄影作品一样，光圈越大，景深越小，主体更实。背景的流水和前景的凤梨也形成了动静对比关系，在内心感受上，静止的事物为实，流动的事物为虚。

虚实结合在景观设计中可以传达意境，意境是我国艺术所特有的审美意识，也是传统审美的最高标准。意境作为景观设计灵魂所在，所传递的是一种情景交融、虚实相生的意境，是创作者的思想、情感的表达，所讲究的是含蓄、虚幻、虚实的共生。而热带雨林景观设计中对意境的理解是，"意"是作者的主观感受，"境"是景观的形态与所表现的情感的统一。

如果构成要素过于"实"有时候会缺少流动性和层次感，是植物的简单堆砌，这是死板没有意境的，这时候就需要虚化来使空间变得气韵生动，达到情和景的和谐统一。追求意境是表达追求自然美和人工美的最高艺术境界，每每看到一个雨林作品，它的美不仅来自视觉，更多需要内心得到共鸣，这才是好的景观作品。

景观设计虚实关系同样可以通过光影和明暗变化进行结合，光是生命之源，也是植物光合作用必不可少的条件，但作为雨林景观，并不是所有位置都需要强光源。光作为一种无形的装饰，也具有极强可塑性，景观通过明暗变化形成虚实对比，下图中主体景观的树木在逆光下非常暗，但轮廓非常写实。体现了雨林里古树形态，此处也为景观的主题，表达明确后，其他的元素就可以做虚化处理，无论在远处的苔藓背景，还是飘在空中的雾气，其实都是围绕"实"的树进行对比设计。

（4）景观的对比关系——冲击力与压迫感

对于每一个景观，第一眼的视觉刺激尤为重要，不否认大的物体视觉冲击力会强，但很多视觉冲击力反映出的是画面的张力。很多有视觉冲击力的作品都运用了夸张手法，可以采用一些不常用的角度或者是色彩对比、明暗对比、体积对比等来表现。

在色彩上，创造大片暖色与冷色的对比；在光影上，创造大片明与暗的对比；在体积上，创造极大与极小的对比。这些对比也可让景观更加有冲击力。

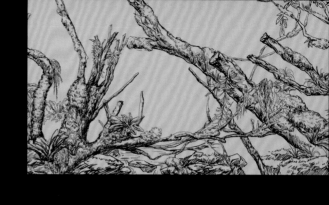

景观中的明暗关系也是设计中需要注意的。黑色在设计作品中起到稳定、平衡画面色彩的作用，它的深沉与稳重的特性，增加了作品的力度感与稳定性，经常体现在作品"实"的一面。白色在设计中通常是以留白或背景的方式出现，如果作品中缺乏了白色也就是受光面，有时会给人以压抑的感觉，或许会缺少自由想象的空间，"黑白灰结构"即黑白灰关系，它是热带雨林景观作品内部的一种微妙的视觉组织形式，我们也可以称它为支撑画面的骨骼，但如果我们加以仔细品味和分析，不难发现其背后必然会隐藏着色彩的色相、明度、纯度的变化。

倾斜的设计本身可以增加作品的张力和透视关系，运用一棵大的倾斜树木作为整个作品的焦点位置去设计，虽然没有直立木头的稳重感，但是倾斜感可以让作品更有动感和变化，由后向前的角度也可以更加增加暗影部分，更突出主体，但这种手法需要注意暗影部分不要种植喜光的植物。

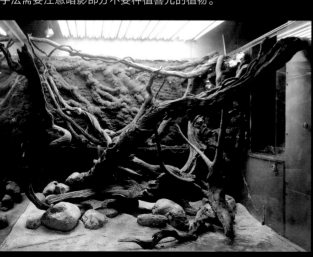

运用植物色彩和植物株型变化也可以突出作品的冲击力。莲座型的凤梨本身自带表现力，夸张的色彩和纹路往往是最先吸引人的。在以植物为主的景观设计中，大的植物、色彩丰富的植物也可以作为景观的中心思想，和细腻的苔藓形成鲜明对比，一些秋海棠、大叶型的天南星植物和异叶缀化植物往往也会起到增加景观作品内各元素对比度的效果。

在自然界中这种例子并不少见。左图中一棵大型树木倾斜生长在溪流边，与溪流形成强烈对比，下图景观画面中树木较大，整个森林是明亮的绿色，唯独伸出的树木形成暗影，从而增加了景观的压迫感和冲击力，先抑后扬，起到增强主景感染力的作用，在空间布局中也起到了突出主题的作用，打破画面的苍白均衡的感觉，使景观更具有动感和力量感，这种方法在雨林景观中会经常运用。

（6）主从与对比

在景观布局中，以呼应取得联系和以衬托凸显差异，就成为处理主从关系不可分割的两方面：互相衬托，突出主体。在景观设计布局中，常用的突出主体的对比手法是体量大小、高低、不同角度等，在布局上利用这种差异并加以强调，可以获得主次分明、主体突出的效果。

见左图，景观右半部分很明显是主体结构，运用倾斜的粗木作为焦点位置，一般是把主要部分放在黄金分割线上，形成主次分明的局势。在整体景观左半部分，形成了从属的作用，此处需要弱化，但依然是景观的一部分，去辅助右边主景，让整体景观更具完整度。

（7）节奏和韵律

运用骨架结构和植物位置可以营造景观的节奏和韵律感，节奏本是指音乐中音响节拍轻重缓急的变化和重复。景观的平面规划在功能目的及以人为本设计思想的前提下，体现出一定的视觉形式审美特点，诸如比例、对称、均衡、节奏韵律、对比统一等原则的运用，充分发挥点、线、面等构成要素的造型作用，根据植物自身的观赏特征，采用多样化的组合方式等，体现出整体的节奏与韵律感。

（5）尺度与比例对比关系

在雨林景观中，太多且繁琐的植物堆砌是没有表现力的，需要掌握植物的生长形态和方式，无论地生植物或者附生植物，都应该依据其在景观的功能和表现力确定其尺度和比例。合适的尺度和比例会给人以美的感受，不合适的尺度和比例则会让人感觉不协调。

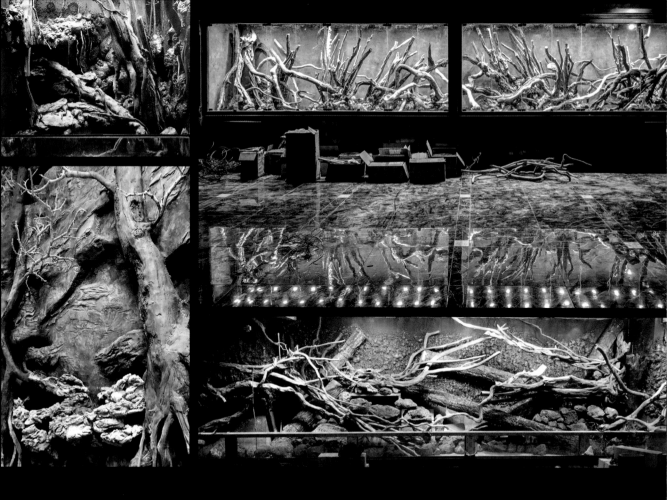

以小见大

我们知道，在中国古典园林中有一种营造空间的手法叫"以小见大"，这种艺术处理以一点观全面，以小见大，从不全到全的表现手法，给设计者带来了很大的灵活性和无限的表现力，同时为欣赏者提供了广阔的想象空间，获得生动的趣味和丰富的联想。

同样，在热带雨林景观中也可以运用以小见大的手法，空间中的大与小是相对的，"小"指的是一定范围空间内，就是我们说的雨林缸，"大"则是通过一定的造景手法创造出引人联想，超越实际雨林缸空间的景观意境。

在制作时，我们经常遇到要在热带雨林景观设计作品中表现大自然的山与树的情况，比例关系在这里就显得非常重要了。例如，表现山上的树木时，我们就不可以用真正的树来设计，而是会用同比缩小数倍尺寸的树枝以达到微缩景观的要求，更多的是用苔藓来表现树林，这和水草造景里的苔藓运用十分相近。

在热带雨林景观中，我们往往可以借鉴大自然中的一个角落，用微观的手法去创作。小型蕨类、苔藓及其他小型热带植物在设计师手中也完全可以制作出非常神奇的景观，如果强加一些不合比例的植物，就会让景观比例失调。

植物和艺术

自然感和艺术创作是我们热带雨林景观设计作品的两个部分，缺一不可，我们要尊重大自然，更要尊重美学观点。在把控全局的前提下，需要运用不一样的植物去创作。热带雨林景观需要有骨有肉。植物就是景观里面的肉，骨架决定了景观的主题，决定了景观的类型和结构，在做硬景观的同时，也就是骨架部分，我们一定要考虑到景观植物的分布，不可以完全只用骨架思维去设计，也要考虑到植物的具体分布的设计，因为植物是整个景观的最实质的"骨肉"，只有这样，才能设计出有生命力的作品。

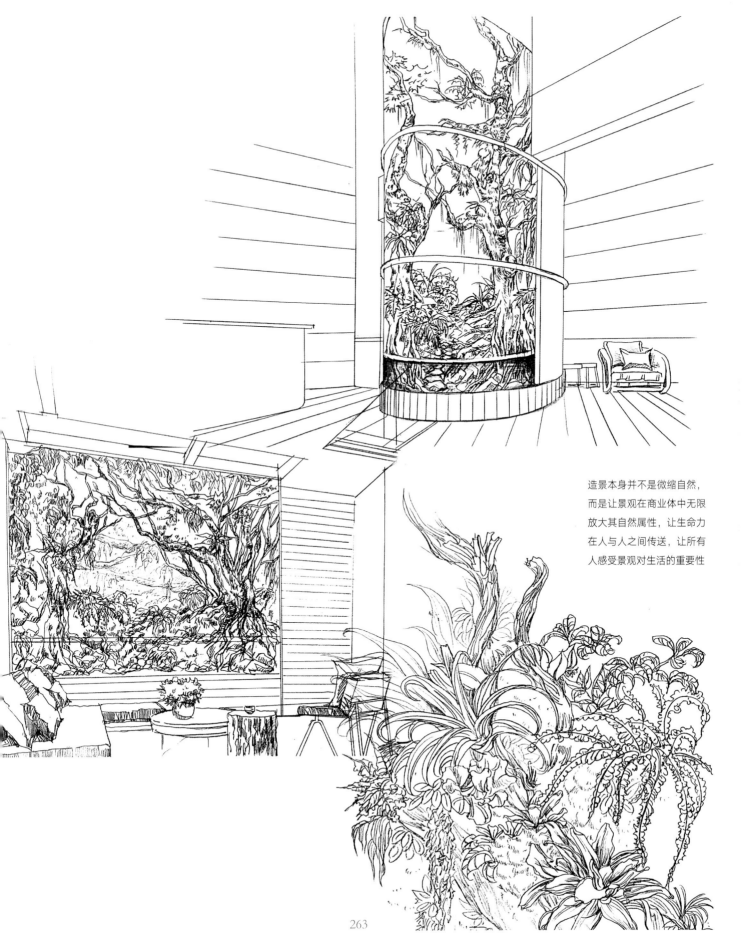

造景本身并不是微缩自然，
而是让景观在商业体中无限
放大其自然属性，让生命力
在人与人之间传送，让所有
人感受景观对生活的重要性

8. 从《迷雾森林》实例综述热带雨林景观艺术形式

　　如何设计一个属于自己的热带雨林景观？除了要了解热带雨林的气候特征与动植物的生存环境、植物的习性喜好、种植位置，还要进行作品的"艺术再加工"。需要运用美学的空间透视、意境留白、色彩构成、立体构成、光影变化等进行设计，在有限的空间内设计出深远的大自然才会是一个让人心动的好作品。

　　在设计一个自己的热带雨林景观之前，我们要想好做一个什么样的主题。在热带雨林中，气候千变万化，我们所看到的也是不一样的景观，从宏观到微观，都可以当做主题在我们的空间里执行。当你在热带雨林中，树的脚下，可以看到古老的巨型盘根，也可以仰望天空，看到树干上缠绕着藤本植物，阳光透过茂密的树冠洒在雨林中，"丁达尔"现象是多么迷人。当你在山坡上，可以俯视一片茂密的雨林，在树冠层可以看到很多珍稀的附生植物，视角不同，感受不同。开始设计时一定要注意，我们所做的景观一定要抓住主题，在有限空间内把想表达的内容告诉欣赏者，这个是最重要的。那么我们要去做一个什么样主题的景观呢？大自然当然是我们的老师，我们可以借鉴大自然，这也叫"借景"。

　　"借景"在我国通常用在园林设计之中，也就是将周边环境景色组织在庭院里的手段。热带雨林景观也可以借景，借助大自然赋予的灵感去创作作品。

　　热带雨林的气候特征很明显，我们要养活这些千奇百怪的植物，先要模仿好生态环境特点，用喷淋和雾化装置模仿大自然的"雨"和"雾"，用灯光去模仿太阳光的照明，让植物进行光合作用，通风设备也是热带雨林景观必不可少的条件，有了这些硬件基础设施，我们就可以开始设计一个属于自己的热带雨林景观了。

这是中国云南热带雨林里面的场景：原始的古树、潮湿的空气、附生的地衣苔藓和各种植物、远处的绿色背景，这是一幅很具有生命力的场景 ➲

《迷雾森林》造景实例

以云雾林特征为原型，我们可以来进行景观艺术创作。云雾林云雾缭绕，树木沧桑，植被丰富是给人的第一感受，在这个云雾林中，蕴藏着无数创作灵感。由于云雾林常年湿度很高，能见度低，身在其中有种犹如步入仙境的感觉，在云雾中古树的轮廓更是让人痴迷，或许这些正是热带雨林的魅力。蕨类苔藓附生植物布满了地面和树干，这些群落犹如一个个小型的自然世界，不被打扰，一年又一年，生命在交替更换。这里的游人很少，可能正是应了那句话，"人类需要大自然，大自然不需要人类"。

我们发现，这些古树不同于普通森林的直立高耸，它们形态各异，被层层苔藓包裹，树木倾斜、倒下、绞杀现象比比皆是，很多气生根沿着粗大的树干垂直而下，兰花、苔藓、地衣、蕨类，都可以在这云雾缭绕的世界中被发现。

在我们做这个《迷雾森林》景观时，可以借鉴云雾林的特征，运用人工雾化装置模仿大自然中的雾气，这不仅体现了云雾林特征，更是给这个作品的小环境增加了湿度，我们会选择景观的主题"一棵倾斜的大树"做文章，突出雨林景观的幼树层、灌木层、地被层的特征。

云南大围山云雾林

素材与构成关系

在热带雨林中，古树经过岁月的"洗礼"，往往其形态已经发生了变化，倾斜的、倒下的、甚至死掉的，这些都是自然的现象，景观如何做得更自然，就是要从这些自然现象中获得灵感。创意始于大自然，但又不能脱离自然规律。

有了创意思路后，首先就要去寻找素材。雨林景观素材很多，可以取自自然，用之自然，也可以发挥自己动手的特长，运用软木或塑石制作树木。大自然中有各种树木和石材可以使用，原始雨林中，一些树木年龄几百上千年，很古老，所以我们选择景观素材时也应该选择树龄长的树木或密度高、不容易腐败和发生霉菌的素材。

其次就是选择素材的形态。当确认了设计风格后，可以找一些和原始雨林中形态相近的树木，在图中可以看到很多树是倾斜的，那么我们可以根据树形结构进行空间设计，在符合美学原理的基础上，根据大自然的特点进行树木的摆放。

每一个景观作品都要遵从设计法则。首先，需要设计师运用构成艺术于景观里。一个好的景观设计是要用有限的空间营造令人遐想且可以使植物持续稳定生长的生态空间，构成艺术在创作中是非常关键的第一步。

在制作骨架时，首先要参考素材在真实热带雨林里的状态、位置和角度，考虑如何摆放在作品中能形成最自然的状态。胆大心细的设计往往会出其不意，因为木头指向性非常强，所以设计主木结构时角度非常关键：倾斜少没有动感，倾斜多会觉得景观不稳没有根，这需要多观察自然界中木头的形态并多加练习。

雨林中有些树木死掉了，有些苔藓和附生植物攀附在这些倒木上，重新赋予了它们的生命。想要做出有"生命力"的作品，就是需要我们多观察大自然中的这些细节，运用到景观中。

点，这是整个景观最为重要的区域，也称之为主景，是整个作品最重要的位置。作品的视觉冲击力、作品的中心思想，大多在这个区间来表现，热带雨林植物或者冠层和林下层的附生、藤蔓现象可以在此区域进行刻画。一个作品的最精彩的地方也通常会放在这个区域，这个焦点位置做好了，其他的位置都可以作为焦点的补充。

在设计构成中，九宫格的用法我们可以拿来借鉴（见上图），用这个方法很容易找到作品的"视觉中心"和"黄金分割点"，这个在东西方的美学理论中都有论述。

看上图，我们把视觉焦点固定在红色位置上，这也正是黄金分割点，运用木材的体积和数量让这个点成为第一视觉焦

景观指向性与平衡感

景观骨架摆放也可以多种多样，可以用石组营造山峰河流，用沉木设计出热带雨林的古树、藤本植物来还原雨林里的特征。当然，植物也是骨架的一部分。

一个作品素材的位置和指向性对于一个景观平衡度也起着决定的作用。这个景观作品为了呈现云雾林里树木的生命力，决定运用枯萎的杜鹃树为景观的主要素材。需要选择适合景观大小的树，过大或者过小都会对景观有影响。确定好主题后，按照之前手绘好的图进行固定，一般可以先固定作品中最重要的部分，选素材中最大最有特点、肌理效果最好的当作作品的焦点。最粗的木头可以安置在左黄金分割线上（见上图），如果把木头设计成直立状态，整体景观就会显得乏味死板，毫无设计感，所以我们会由1左向右倾斜摆放，这个角度因人而异，但最终的目的是让整体构图具有平衡感，重心的稳定也是让观者情绪稳定的一个重要设计点。这个作品焦点位置由左向右45°进行固定，右面2作为互补，选择稍小的木头由右向左摆放，这两组木头决定了景观的重心和主题，是非常关键的因

素。1和2它们的指向性也是作品"气势"的方向，切记这个所指方向不能太居中，否则会造成一种不稳重感。这个作品向上指向右面黄金分割线的延长线，这也是指向性设计中常用的一种手法。

3的位置用于稳定1的方向感，平衡斜下倒掉的方向，这不仅可以弥补1的不稳定性，而且可以让整个布局更有变化，也更符合大自然里的情景。图中4和5分别向左和向右指向远方，也让整体作品有一个扩张的趋势，给人感受更开阔。

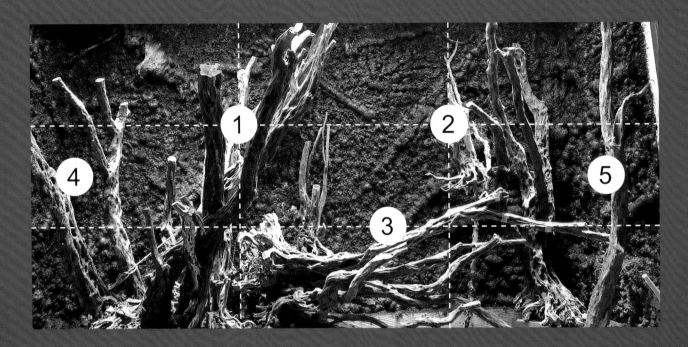

看上图，焦点位置的树木粗大且内容丰富，树干的肌理比较突出，藤蔓缠绕在其中，此外，还附生着各种植物，比较写实地表现热带雨林中的古树形态特征，为了达到景深要求，被安排在景观作品的最前部，并作为暗面增加视觉压迫感，利用近实远虚的关系让景观景深增加。

如上图所示，景观作品中2的部分我们称之为"辅景"，这是相对于主景第二个主要的区域，也就是说一个好的景观一定是由主景和辅景组成，主次关系也是一个景观作品中最重要的组成部分。

辅景是对主景的"支撑"，用对比关系让景观更有层次感，方向、位置、明暗都是对主景的互补，让整体景观更完整，平衡感更强，更具有对比性，这也是运用透视关系拉伸景深比较有效的方式。但辅景不要强势于主景，不管是材质肌理、特征、暗部都要考虑到。

3的位置我们称之为"添景"，"添景"是我国古典园林中的建筑构景手段之一。远方的自然景观或人文景观，如果中间或近处没有过渡景观，眺望时就缺乏空间层次。添景的位置恰恰摆放在主景与辅景之间，且角度与主景辅景形成错位关系，"前中后，上中下"，让整体布局更有层次感。这不仅纠正了主景与辅景一味向上的方向感，起到拉低中心的效果，这

个错位摆放还让1、2、3的关系形成了三维空间感，显得主体很有层次，这种排列方式也让我们后期的植物种植有了更明确的位置关系。

在骨架中，4和5的位置我们称之为"舍景"。在一个完整的造景中，主景、副景、添景是构成整个景观中的主要内容。除了这三个必要的元素之外，为了使作品更完整，更具有空间感和一定的复杂程度，我们经常会在景观之中加入一些辅助元素，舍景恰恰就是起到这个作用，能平衡这个作品的完整度，让透视关系更加明确，平衡感更加强烈。图中4、5的位置进一步拉伸了景观的左右区域，使景观视觉上更加宽阔，也更加耐看。

在热带雨林景观设计中，有一个元素是我们经常会运用的，这也是区别于其他景观设计的一个制作方法，就是背景的运用。景观作品往往是在一个区域空间内设计，空间有限，背景的利用就相当关键。例如我们在自然界拍照中，主要的焦点物体会是很"实"的，而远处的物体会虚化，自然界也是一样，近处的物体会看起来比较"实"而远处的树林往往是一片"笼统的"绿色。在热带雨林景观设计之中，背景区域我们可以用这样的虚实关系进行造景，往往会用大量的绿色苔藓墙来表示绿色的大自然，和主景形成了鲜明的对比，也使得景观远近关系更明确，让景观作品更完整，更符合视觉透视原理。

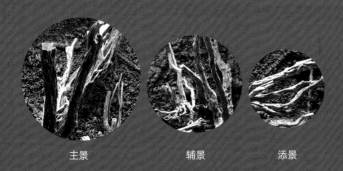

主景   辅景   添景

主景、辅景、添景是按照由大到小，由多到少，由粗到细的递进方式来设计的，整体景观作品需要主次关系明确，不要做成平铺直叙的作品。

设计背景有两种方式，一种是俯视的视角，远景一片绿色；一种是仰视的视角，远景会看到天空，所以可以用苔藓和植物铺满背景，也可以进行透光留白设计。这张图主树是"实"的，是整个照片的焦点，背景是虚化的绿色，所以我们可以在背景附上苔藓，表示远景依然有绿色植被。

背景板制作也是景观设计一部分。颜色、肌理、明暗关系都需要考虑。可以通过对背景墙的结构进行改造，形成肌理效果，让整体景观更加丰富真实，也可以用发泡剂打造出平台或者凸起或凹陷，表现更为丰富的层次。为了让一些附生植物更容易定植，也可以用香槟树皮增加真实感，这样苔藓的附着会更自然，也有利于附生植物攀附在背景板上生长。需要把发泡剂光滑的表面去掉，露出里层蜂窝状，这样不仅可以保存一定水分，更容易使附生植物不定根攀附在背景板上。

在自然界，云雾林清晨经常可以看到雨雾缭绕，频繁出现的浓雾在热带雨林生态系统水分、养分循环中扮演着重要的角色，部分植物叶片在干旱季节可直接吸收雾水或通过浅根吸收林冠滴落的雾水和养分。由于林木茂密，空气湿度极大，寄生、附生植物发达，终年云雾缭绕，降雨频繁，很多云雾林地区年降雨量可达2 500毫米以上。特殊的地形和小气候，造成这一区域动植物种类繁多，生物多样性极为丰富，是个天然的大氧吧。

热带雨林的湿气来自于降雨、连续不断的云层覆盖和植物的蒸腾作用（通过叶子散发水分），这些使当地有足够的湿度。每一棵冠层树木每年要蒸掉760升的水分，大面积的热带雨林植物对形成雨云有很大的贡献，而且为它们自身产生了多达75%的的降雨。亚马孙雨林是产生自身高达50%降雨量的源头。

蒸腾作用是水分从活的植物体表面（主要是叶子）以水蒸气状态散失到大气中的过程，与物理学的蒸发过程不同，蒸腾作用不仅受外界环境条件的影响，而且还受植物本身的调节和控制，因此它是一种复杂的生理过程。其主要过程为：土壤中的水分→根毛→根内导管→茎内导管→叶内导管→气孔→大气。植物幼小时，暴露在空气中的全部表面都能发生蒸腾作用。

给热带雨林景观作品采用雾化装置加湿这样是否就足够了，其实并不是。雾是接近地面的云。它是当大气里的湿气由地球表面蒸发，上升并冷凝后生成的。雾与云的主要区别是雾接触地面，而云则不会。我们的景观作品增加雾的使用，也符合了大自然的真实情况。但是，植物蒸腾作用是从根系发起的，根毛需要足够的水分才可以正常生长，光靠小环境的雾气并不够。

市场上可以选择的是雾化器和雾化机。雾化器是通过缸体内水体产生雾气；雾化机则是缸外的雾化装置，需要自带一个储藏水的容器。此景观选择雾化器，出雾量更大。

自然界的云雾大多分布在森林的中部和顶部，在此作品中，运用了支架做了三个水体，根据景观主次要求分布在背景墙的三个不同位置，做了三个储水槽，水体里分别装置了雾化系统，在主景一侧设计两个储水槽，辅景一侧一个储水槽，通过水泵向水槽中不断蓄水，雾化器工作时雾气隐约从远处飘来，后期会用骨架结构、苔藓或者植物对水槽进行隐藏。

作品主题为"迷雾森林"，以云雾林为原型，每天定时进行喷雾，因为大部分雨林植物不仅需要相对高的湿度，一样需要通风和光照，所以可以设计成和真实雨林一样早晚进行喷雾。

雾化的整体做法是通过水泵把水抽到上部藏有雾化器的储水槽中，同时调整雾化器的高度使之达到最佳出雾状态，由于水分子大于空气重量，所以上部的雾化会自然地飘向下部景观，形成坠落感，以此蔓延至整个景观的中下层，增加景观动态效果，动静结合增加作品的意境。这也是为什么在此作品中，雾化装置放在中上部的原因。

光影在景观中的运用及设计

热带雨林景观中，适合的灯光不仅可以使植物发生光合作用，还可以运用灯光的光影设计使景观更有层次和空间感，光与影是相互依存的二元现象。有光就有影，也就是景观色彩中所说的"明暗关系"。早在明末时期，计成在《园冶》一书中就提到"梧阴匝地，槐荫当庭"，这些都是对光与影关系的描写。由此可得知在很早之前景观的"设计者"们就懂得如何利用自然的光与影来塑造景观空间。

从光影与空间的关系上分析，有效地运用光与影自身属性可以改变光的形状、阴影和质感。例如，借光、反光、折射、漏光等手法。"光影"即"明暗"，可以调节景观空间大小，增添景观空间韵律，给人视觉及感觉上的虚实变化。

如下图此景观中，从前往后依此类推，最前的水体1是通过光的照射成为亮部区域，2的主景为暗部区域，3的添景为亮部区域，4的辅景为暗部区域，背景5为亮部区域。从前往后的俯视递进关系为明—暗—明—暗—明

用光影变化进行递进式设计，也是景观设计中常用的透视手法。前景的明亮与中景的暗部形成了鲜明的对比，也让景观有了非常明确的两个部分，以此类推，明—暗—明—暗—明，让我们相对狭窄的空间通过光线的明暗变化，形成视觉差，更三维地表现整体景观的层次感。在景观空间中的明暗对比设计表现在光线中的对比变化和相互渗透上，这种以暗求明的设计手法可以表现出景观空间的材质、纹理、色彩、结构、层次等。

光不仅给植物提供光合作用的必要条件，时至今日，当生态变成一种主题，自然光造就的光影在今后也会成为景观空间设计的主流。光影可以修饰景观空间，丰富空间韵律，营造空间意境。巧妙的设计更会有出乎意料的效果，光影在景观空间中的运用无疑具有可见的创新性和实用性。热带雨林的光往往被冠层树叶遮挡，阳光透过树叶穿透下来的少量光线提供给底层耐阴植物，也体现出热带雨林景观的神秘性和植物的多样性。这在景观设计中也可体现。

沉木和藤条组合是这个作品"点线面"中"线"的处理方式。用指向性强的暗部线条勾画了整体作品结构，运用黄金分割和焦点透视原理来突出"点线面"的关系，运用凤梨和蕨类的附生性增加"点"的设计，让树木更有生命力，也可以表现出雨林景观附生植物丰富的特点，整体背景用整块绿色作为远景，形成亮"面"，衬托了指向性很强的暗面枝条，让景观结构更明确。除了基础结构和基础硬件配置外，植物的附着方法和位置也十分重要，植物长期存活是最为关键的，湿度、温度、灯光合理搭配好，每一株植物都需要光照进行光合作用，暗部不要有喜光植物，顶部不要有喜湿植物，蕨类、凤梨、兰科、天南星等植物的位置只有模拟大自然中植物存在的位置才会自然合理。由于景观是敞开式的，水分蒸发比较快，小环境相对不稳定，所以会用多次少量的喷淋方式，配合不间断的雾化，让整体小环境湿度更稳定，这样做降低了植物死亡的风险。

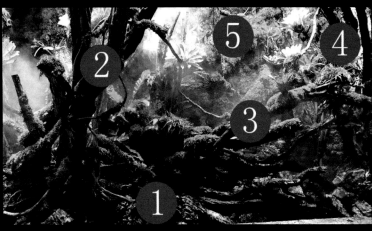

热带雨林景观的丰富色彩

　　热带雨林的物种多样性，色彩丰富性是非常显著的特点。一些珍稀的动植物因为这种特殊环境应运而生，保护色、对比色应有尽有，除了形态的差异化，色彩丰富也是热带雨林景观中最为显著的特点。

9. 从《奇幻森林》造景实例谈热带雨林景观工程

　　热带雨林是宏观的，也是微观的，热带雨林景观可以做得很大，也可以微缩在一个小型雨林缸中。我们可以把热带雨林景观"搬"回家。不管是商业中心、艺术馆，还是自己的家中，都可以根据场地大小来安排设计雨林景观。

　　《奇幻森林》这个作品要用到板根树来作为主素材。

　　板根是热带雨林中一种独有的现象。大型乔木根部伸出巨大的板状根，以支撑几十米高的乔木。热带雨林地质松软，几十米高的树木需要长得很高大才能去吸收阳光，板根可以让它们生长得更稳固。所以板根现象在雨林中经常可以看到。

这个作品以板根现象为原型。运用粗大的乔木树干作为作品的基础创意点，表达雨林中乔木和植被的关系。作品所呈现的是热带雨林林下层、灌木层、地被层多种多样的附生植物和地被植物，运用粗木作为景观的视觉重心进行了粗细对比，使视觉冲击力更强。景观设计了水下水体部分，让整体模拟的雨林环境更加系统，表达了水生、陆生、附生植被的共生关系，阐述了大自然的神秘感，借鉴板根现象设计了一面雨林墙体。

排列组合是景观创作的一部分，在制作景观时，经常会遇到棘手的难题，因为很难找到像板根树一样的乔木，但又想在空间中体现出板根树的粗壮感，所以为了不弱化视觉冲击力，决定用几根大型乔木和一些枝条形态的乔木拼合成这两棵板根树，一主一次。在热带雨林中，板根树是直立的，所以我们两组乔木组合也做出直立状，分布在景观的黄金分割线上，用藤条模拟出热带雨林中气生根现象，让树木更具有"雨林感"。

《奇幻森林》这个景观陈列在一个商业空间中，表现了热带雨林中的树冠层以下的生物特征。此景观采用两组纵向大型沉木进行组合，形成整个景观的视觉焦点，把焦点放在了整个景观的左右黄金分割线上，让构图更和谐更稳重，也是整个景观的主题思想，在大型树状结构两侧，模仿古树伸出的树枝进行连接，形成了一个凹形构图，这样可以让作品更加具有空间感和景深感。在作品的植物组合和色彩搭配方面，更加突出了左上和右下的植物分布，把它们分布在黄金分割点上，这让整体景观主次分明，焦点明确。再加上远处的背景苔藓，近处的水体溪流，它们和主景观共同形成一个神秘的热带雨林景观。

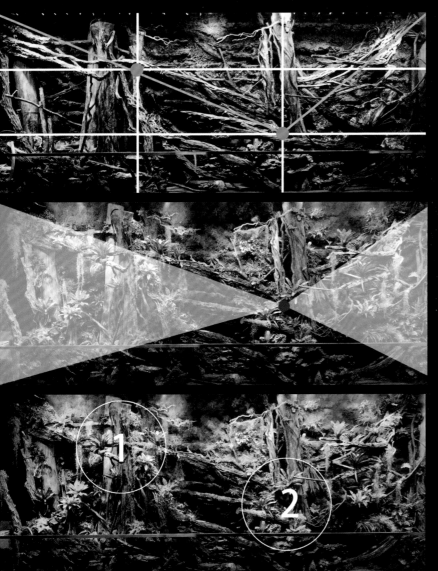

黄金分割线上两组主木为作品的"支撑点"，左右延伸的辅木形成凹形构图，汇聚点在右面黄金分割线上，运用焦点透视关系让景观更有景深感，也更加强调了左重右轻的构图。

主木直立会显得呆板，从景观的两侧由而下倾倒辅助枝条，汇于右侧黄金分割线位置，进行放射状线条设计，由消失点的细枝逐渐延伸至两侧粗植，也形成了空间单点透视关系，通过枝条粗细变化形成了透视原理。

由于作品空间有限，前后空间很窄，但是热带雨林是非常深远的，所以我们会用一些艺术手法去让雨林显得更具有空间感，两棵粗大的板根树要有强有弱，左下图中，1组的主树更粗大，空间摆放靠前，2组的树相对靠后，这样也使景观主角有了前后关系，主次更分明，

用植物来体现空间感也是我们经常用的手法，明亮的、颜色丰富的、叶型大的、往往会安置在作品的前方；相对颜色深的、叶片小的、细腻的，会安置在中后方，这样的透视对比关系也会使得作品景深更深了。

热带雨林，一个庞大的生态系统，小型雨林缸有时不能满足我们收藏那么多神奇的热带植物的需要，而雨林景观工程不仅可以把大自然带到我们身边，更可以让人有深层次的视觉享受。在钢筋水泥的城市，回归自然是我们每一个人内心深处的追求，现在我们有了先进的科技手段，有了自动化控制，这样我们就可以把珍稀的热带雨林动植物养在家中养在身边，从这个意义上说，热带雨林景观工程也是一种特殊的艺术，一种活体艺术表现形式。

如何制作热带雨林景观工程？

景观工程和家中养殖植物是不同的。先从植物特性说起，景观工程需要营造一个适合这些不同种类、不同需求的植物环境，湿度大、温度高可能不能满足所有植物生长，适当的温差，合理的通风和光照，选择适合景观工程且后期容易维护的植物是工程景观的特征，满足工程的装饰性和持久性，要比养好单体植物重要得多。

很多植物学家希望把同一地理环境和条件的原生植物种植在一起，这样的设计符合热带雨林的客观规律，是非常受推崇的且尊重自然的设计。但在热带雨林景观工程中首先要考虑美观和后期的维护，往往会选择更为容易养殖的园艺植物，这些植物经过人们的驯化和改良，已经非常适应当地气候条件，这样使我们的工程维护更简单，更具有装饰性。

热带雨林中丰富的层级特征，板根现象、绞杀现象、各种附生藤蔓、千奇百怪的生物，这些都是热带雨林迷人的地方，也是我们设计的元素。如何利用好这些热带雨林的特性并让它们发挥最大能量，是我们在做热带雨林景观工程时要研究的课题。

灯光是促使植物进行光合作用必不可少的器材，在工程中可以选择照度高的植物灯，市场通常使用30~60W的LED照明灯，节能环保且穿透力强，平均一盏灯可以照50平方厘米的空间。

潮湿环境也是热带植物很重要的生存条件，为了模仿热带雨林中湿度大、降雨丰富的气候特征，我们可以通过喷淋和雾化达到植物需要的环境。一般来说雨林植物需要60%~90%的小环境湿度，也不可长时间让水分停留在植物叶片上，所以通风也是必不可少的条件之一。热带雨林没有春夏秋冬，只分旱季和雨季，雨季的热带雨林湿度可以达到90%以上，每天早上和午后都会降雨，我们用喷淋模拟雨林的降雨，喷淋的次数和时间根据缸体的大小还有当地气候特征来定，没有一个固定的方式，植物靠叶片的蒸腾和根部吸收水分，我们只是保障所有植物不缺水，达到一个稳定的生长状态就可以，保证小环境湿度不低于60%。另外，要注意的是喷淋设备要低于灯光设备。

借鉴大自然现象来设计雨林工程，呈现出的作品具有一定的真实还原性，雨林里的树、山石、溪流、瀑布等元素可以做在一个工程中，虽然选择的树木枝条是枯死的，有直立的也有倒下的，但我们在景观中需要赋予它们"生命力"。在设计树木的时候可以根据空间关系进行前后和左右的摆放，一个原则，越自然越好，做到乱中有序，关系明确，可放可不放的我们就可以舍掉。另外，也要考虑到每株植物的位置、种植方法和光线明暗需求等。

做好了顶部结构（灯光，喷淋），我们就可以进行骨架的摆放了。在摆放之前头脑里要有景观的概念，通过美学设计把结构关系安排好，可以用市场上的沉木、杜鹃树、软木树皮等进行硬结构的设计，可以用青龙石、火山石，或者人工的塑石去营造溪流或者山体，用染色发泡剂进行填充和结构细节的雕琢，发泡剂可塑性强，有一定的吸附功能，所以在设计时可以用在背景板和石头空间，也可以利用它的可塑性雕琢背景岩石和溪流叠石。

由于景观工程大多空间有限，而大自然是极其深远的，所以需要一些造景手法让景观更立体更有空间感。大自然的河流溪流边，可以看到树木都具有倾向性，是向溪流的方向倾斜的，这是经过溪流长时间冲刷根系造成的。那么，我们设计骨架时树木就可以向溪流方向倾斜，形成对溪流的包裹感，这样不仅符合大自然规律的，在景观中，包裹的溪流更增添了一分神秘感，这也是意境的一部分。

如上图所示，我们把1的位置作为溪流落水点，这个点的位置正好是作品黄金分割线上，这样会让视觉更舒服，也是一个焦点的位置，左面黄金分割线上设置的2的主木位置，这个位置是整个作品里树木最粗的，最有"压迫感"和冲击力的，把视觉焦点的树木安排在左黄金分割线上，也是让整个作品平衡感更强，左面主木与右面溪流正好形成互补趋势。

3和4的倾斜方向正是溪流河道两面，向溪流方向倾斜，这样也符合大自然客观规律；另外4和2形成主次前后关系，4和2的木头也是更加强调树木方向感，4作为景观的远景，也就是消失点的位置，更小更矮，符合透视关系，让层次感和景深更强。

5作为作品中倒掉的树，安排在溪流边，到过热带雨林的人都经常可以看到这样的情景：一些大树倒在了河边，所以5的这棵树设计成反方向，也是近景，让作品更自然真实。

在此书中我们介绍了藤本植物，及热带雨林的气生根和绞杀现象，所以会在一些空间运用藤本植物或者藤条增加雨林的"特殊性"，这样更富有原始感和自然感，但藤条的运用要"乱中有序"，图中6的位置设计了悬空的藤条元素，让整个空间具有连接性，

在此作品中，特别需要提到的是在7的位置增加了前景设计，在溪流的前方设计了一棵直立的树，让作品增加真实感和空间感，这个位置正好在溪流的前方，也就是一个"中岛"的设计，让作品更具有趣味性和"代入感"。7的位置，这棵直立的树可以遮掩一部分溪流，不会让人直面溪流的冲击感，营造了半遮半掩的神秘感，另外，运用明暗变化关系也可以增加景观的层次感，暗—亮—暗—亮的递进会让空间感更强，暗部其实也是设计的一部分。

8的位置正是用了暗部关系设计出了整个景观的一个前景，让三维空间更立体，本身8的枝杈效果也可以突出作品主题，用暗部刻画整个空间的前景。这个位置喷淋和光照都不够，所以我们就单纯地运用骨架进行设计就好，不必填满太多的植物，有舍有得其实也是我们在设计中常运用的"透气"原理。

这个景观工程的溪流部分是整个景观的重点，分落、片落、段落等瀑布和溪流的表现方式在景观中都有体现，在做骨架时候需要考虑到水量大小、溪流的位置和流向增加作品的真实性和自然感。叠石的位置、大小、比例关系、明暗变化、透视等也决定了溪流的真实性。大自然的鬼斧神工造就了溪流的自然感，在人工设计时就不要刻意地违反客观规律去设计，这点在前面溪流设计中有讲到。

不管是石组的溪流，岸边附着苔藓的溪流，树木和石头组成的溪流都需要按照真实的情景设计。

附生植物的群生特点常常在工程中使用。凤梨、兰科植物、蕨类植物、石松都可以附生在景观的中上部，增加景观视觉冲击力，积水凤梨其鲜艳的颜色，奇特的形态都是十分吸引人的，在运用时要掌握积水凤梨在大自然里的位置与环境。它们需要强烈的光照。凤梨的群生性也会使景观更具有自然感，但过多依赖于美洲的凤梨而忽视了整体景观的意境和自然感，就会让景观颜色过于夸张，缺乏真实性和自然感。蕨类和天南星等一些大型叶片植物可以种植在景观前部或下部，增加景观的透视与景深。

10. 其他热带雨林景观设计形式

　　艺术无定式，我们不仅可以按照地理位置设计，如南美雨林景观、非洲雨林景观、东南亚雨林景观等；还可以按照气候特征去设计，如热带季风雨林景观、赤道低地雨林景观、高海拔的云雾林雨林景观。

（1）大自然的情景再现（原生态热带雨林景观）

　　大自然是最好的老师，参照大自然的实景进行构思，把原生态热带雨林作为自己雨林景观设计的灵感来源，此种造景形式最大化地模仿雨林原生地、原生态的雨林景观，让您在家中亲近雨林亲近大自然。具体的造景艺术手法是通过有限的空间（缸体或者区域）模仿大自然做出的景观再现，一草一石一木，都进行美学的空间设计，一切的设计来源、美学要点，都是通过自然界里的景观元素再现。大自然是深远的，我们利用

透视原理进行热带雨林景观再现，尽量体现热带雨林原貌，此种手法适于各种热带雨林景观设计。

　　此种景观不仅要符合各种美学特点，还要遵循原生地气候特征与植被分布。比如高山云雾林，可选择高海拔的小型植物以及附生植物和苔藓组合，低地赤道雨林可以选择大叶型的棕榈和天南星等，这种按照地理位置分布的雨林，如要对它们进行再现，要了解气候特征和植物种类，及寄生、共生、附生等生存方式。

　　比如说，在进行此类景观设计时，在作品中如运用太多饱和度高的N属凤梨，不但不符合美洲大陆附生植物的真实雨林的状态，也会破坏雨林景观的协调性，所以可以选择深绿色饱和度低的植物进行原生雨林的设计。

在创作此类型的热带雨林景观时，不仅要了解原生地貌特征和植物分布，也要用设计骨架还原一个艺术场景，让景观更真实。可以到热带雨林中拍摄一些照片作为创作构思，也可以去寻找世界热带雨林的图片，用宏观或微观的视角设计出真实性强的原生雨林景观。

（2）色彩艺术雨林景观（珍稀植物多颜色多样化组合）

　　此种热带雨林景观打破了真实雨林的地貌特征和植被分布，更多属于想象型的雨林。其特点是装饰性非常强，运用大量N属积水凤梨展现雨林的色彩，是一种夸张的艺术表现方式。用色彩丰富的植物搭配珍稀的带有雨林特征的植物进行景观设计的排列组合，以空气凤梨、积水凤梨、秋海棠以及附生兰科植物为主的艺术造景，是一种多以热带雨林附生植物为主的造景形态。目前市场上可以采购到这些经过人工驯化的雨林植物，在养殖方面不会太难，湿度温度掌握好即可，此种景观特点是色彩丰富，形态变化强，不拘泥于原生态情景，用一种夸张的艺术表达形式进行造景，多用于空间雨林缸及商业区域的雨林景观设计。

（3）垂直热带雨林植物墙（墙体热带雨林植物组合）

热带雨林植物墙是用绿色植物"编植"成的墙体。是利用墙体
或垂直体为支撑，使自然界中栖息于平地上的雨林植物或附生植物
永久地生长于垂直的建筑墙面。这种墙体，为建筑设计和建筑装饰
提供一种新型的有机生态材料。

植物墙式雨林景观是一个小型生态系统，它可以根据设计师及
客户需要结合气候、温度、湿度、色彩等综合条件选配四季长绿或
色彩丰富的植物，随时在人们想要的地方构建出一个贴近自然又超
脱自然的生活环境。

越来越多的人渴望回归自然。自然景观在现代城市生活中占有着越来越重要的地位。因此，在商业空间的景观设计中更多地引入自然景观。自然元素可以调节环境气氛，增加生命色彩。绿色、水和阳光装点着整个商业空间，可以大大提高建筑空间品质。美化商业空间有效的方法很多，热带雨林景观更是具有独特的装饰效果，不管从植物的色彩形态，还是人与景观的互动体验感都是非常好的，热带雨林景观比其他的装饰更有感染力。

作为一个景观设计师，除了熟练掌握专业知识外，更要注重景观与空间的融合度，形成自己独特的设计思想，用心创造出高质量的商业空间和景观。

三　微雨林制作原则与实操

1. 家中的微雨林——雨林缸

　　"雨林缸"造景以热带雨林以及附生植物为主要表现对象，着重于模拟热带、亚热带的丛林景观。它是热带雨林在寻常人家中的缩影，是家中的微雨林。

　　"雨林缸"，是以热带雨林风光为主题的造景缸。以热带雨林的林床、林间甚至林梢植物为主景，配合枯木、石头、藤蔓等，营造出丛林一角，或者临水丛林的景色。并且为了体现造景的生动性，也会在其中饲养体型微小的动物，比如昆虫，蜥蜴，蛙类等，但也有纯粹以植物景观为主，以动物模型点缀的例子，还可以增加水体部分和各种水草鱼类，表现完整的热带雨林生态系统。

　　小型雨林缸可以设置在家中、办公室及各种公共空间。它容积可大可小，由于没有水体或只有少量的水体，搬运轻便，装饰效果强。它和水草缸、原生缸、海水缸一样，都有着自己独立的硬件系统。可以模仿大自然热带雨林的气候特征，人为设计制作雨林小环境，合理使用喷淋加湿系统、雾化加湿系统、灯光系统，通风循环系统等，让热带植物生活在小型缸体中。

2. 雨林缸的硬件准备

　　我们要设计一个雨林缸，需要做一些基础准备，当想好了我们要做的景观后，需要准备哪些硬件系统呢？

　　缸体

　　热带雨林景观可以是区域的，可以是大型公共空间的某一个区域；也可以是缸体，需要准备一个适合自己的尺寸缸体。透明的缸体是容易被人观赏的，不建议选用亚克力或者其他透明的树脂来做缸体，因为有机材料的硬度不够，在维护时很容易划伤，因此玻璃是比较好的选择。玻璃缸一般分为敞开式和封闭式，敞开式更易于人们零距离观赏，封闭式的对于养殖更为简单，温度湿度更可控。对于刚接触雨林缸的人来说，更建议封闭式的缸体。雨林缸体会有水体部分，大多成型雨林缸在底部会有一部分封闭空间用来储水和做植物种植基质。

　　热带雨林景观和其他景观不同，缸体设计上需要有一定的高度来容纳众多的附生植物，还原真实热带雨林特征，不过要考虑光源是否可以照射到下层的植物。在家中的雨林缸高度在60～120厘米是一个比较合适的范围。

素材

准备好缸体后，根据缸体的大小选择适当的骨架素材和植物素材及适合自己空间的木头石头，太大或者太小都会影响景观的布局。一个原则，"在有限空间创造无限大自然"。在设计雨林缸之前要有一个设计构思或理念，可以宏观或微观地表达作者思想。可以用某一区域的植物还原产地环境，也可运用木头石头营造出一个空间设计，但设计前要把植物空间位置思考进去，因为植物也是骨架的一部分。

需要准备适合植物生长的灯光系统、通风系统、制作假底、循环系统；要进行背景和骨架的设计、基质的选择；要制作喷淋系统及进行植物植栽等。热带雨林没有四季之分，只有旱季和雨季，不管是旱季或者雨季，都会有降雨，热带植物需要一定的湿度空间生长，所以我们会配置喷淋系统模仿雨林里的降雨。

热带雨林植物生长在60%～90%的湿度空间，喷淋设定时间根据缸体的湿度来决定，如果太干燥就会出现脱水干枯现象，我们做的不只是通过喷淋给叶片保湿，植物的根部也需要定期浇水或者通过透水层进行吸水。

喷淋设备分为高压喷淋和低压喷淋，高压喷淋头雾化效果强，喷淋成水雾状，但喷射距离相对较近，需要高压泵抽水，对扬程有要求。一般雨林缸使用的喷淋泵不可以无限地增加喷淋透数量。高压喷淋常用于植物灌溉、公共空间加湿降温使用，一般我们用在热带雨林景观工程比较常见，可以无限使用喷淋头数量，但因为是低压，雾化效果一般。

如果缸体内长时间湿度达到90%以上，很容易造成霉菌的生成，造成植物的腐烂，叶片长时间有水的情形下，也可能造成细菌感染出现破洞腐烂，所以我们还要给自己的雨林缸配置通风口和通风设备。雨林缸比较高，缸中的空气流动不畅，排风换气尤为重要。一般可以选用电脑风扇配上直流变压器来做排风用。在喷淋结束后进行通风，让整体小环境空气流通，植物叶片不要长时间积水，这样植物才可以更好的生长。很多热带雨林植物和苔藓并不喜欢高温高湿，特别是炎热的夏天，更

喷淋与通风

大部分热带雨林植物是喜欢高湿度环境，在我国每个城市地理条件不一样，有的地区潮湿，有的地区干燥。封闭型雨林缸就恰好可以在小的空间营造稳定的温度湿度。不管什么地区都可以进行缸体雨林养殖。

是需要通风设备对缸体进行通风。一般可以在缸体顶部增加降温风扇进行向外抽风处理，缸体前部或侧面会有通风口作为进气口。通风时间不用太长，观察叶片上没有大量积水即可。

喷淋设备是雨林缸独有的设备。雨林缸中有大量的附生植物，比如兰科植物、凤梨植物、藤本植物，它们并不扎根于底部介质之上，而是附生在背景板、沉木上。喷淋除了能维持缸中必要的湿度外，也是给予这些附生植物补充水分的必不可缺的途径，这也大大减轻了人工维护的工作量。

植物吸收水分是由植物根部和叶面来吸收的，喷淋系统是针对植物叶面进行喷淋的。因为喷淋过后要进行10分钟左右的通风时间，所以这并不足以让植物根系吸足水分，因而我们的雨林缸除了喷淋之外，还需要定期给植物根部补充水分。

一般来说雨林植物生存环境的温度要求极限是大于5℃，小于32℃，但是适合植物生长的温度是20~28℃，一旦温度过低或者过高都会出现植物不健康或者停止生长情况，温度湿度控制也要由植物特性来定。不要把养殖条件不一样的植物放在同一缸体里。

我们可以参考新加坡滨海花园云雾林的喷雾时间来设定雨林缸喷雾时间：每天上午10点、12点，下午2点、4点、6点和8点。云雾林室内温度保持在23~25℃的区间，植物状态非常喜人，我们可以参考这样的温度与湿度进行控制。

缸顶层

对于雨林缸来说，顶部的设计大多模仿大自然的光照、通风、下雨的环境，所以在缸顶我们可以设置喷淋系统、灯光系统、通风系统等。

雨林缸的光源选择

大多数采用红蓝光，而没有采用更高的绿光，是因为植物并不需要那么大的能量。在植物光合作用中，红光主要刺激植物的生根系统，蓝光主要"负责"植物叶片的生长，因此一个好的灯具需要平衡红光和蓝光的比例。

现在市场上大多用纯白的民用灯作为植物照明灯，这些光源更多是追求光的强度和亮度，绿光的比例也很多，对人的眼睛刺激比较大，但是对于植物这些光是无效的，显色也不好，所以并不适合用在雨林缸中。

我们选择灯具需要注意以下几点：

① 光照度。其计量单位的名称为"勒克斯"，单位符号为"lx"，表示被照主体表面单位面积上受到的光通量。1勒克斯等于1流明/平方米，光照度是衡量拍摄环境的一个重要指标，雨林植物所需要的光照度为5 000～10 000 lx

② 光谱。光源需要更专业的可以让植物生长的有效能源，植物所需的也就是红蓝光。

③ 显色。我们做的雨林缸是用来欣赏的，好的显色性可以让人看到更舒服的景观，好的显色需要以白光为主，同时使用红蓝光增强输出，应加入适当比例绿光平衡显色。

④ 穿透力。景观的设计与缸体高度决定采用灯珠的瓦数，有些时候下层植物很难接收到光源，过高的缸需要穿透力更强的灯珠进行照明。

植物需要光来进行光合作用，但雨林缸是室内的景观，室内的自然光线远远不能满足植物生长的需求，因此选择一款能满足植物生长的灯是雨林缸成败的关键。目前市面上可用于植物生长的人工光源有金属卤素灯、荧光灯、LED等，需要根据缸体高度和温度环境使用合适的灯具，LED灯光照强且有着节能优势，发热低，这是金属卤素灯不可比的。

雨林缸的灯有很多种，流明、色温、显色性，光谱曲线这些具体代表什么呢？

流明：光源的光通量，单位是lm/w（流明/瓦）。流明值越高表示越亮。比如白炽灯 15 lm/w，PL灯 60～80 lm/w，金卤灯 90～95 lm/w，LED 90～120 lm/w。

色温：光源光色的尺度，单位是K（开尔文）。色温越低，光色越偏红色；色温越高，光色越偏蓝，比如蜡烛的光是1 930K，钨丝灯为2 760～2 900K，中午的阳光是5 600K，晴天是12 000～18 000K

显色性：光源对物体颜色呈现的程度，单位是Ra。光源的显色指数愈高，其显色性能愈好。Ra值为100的光源表示，事物在其灯光下显示出来的颜色与在标准光源下一致。

光谱曲线：光线内不同波长的光强分布曲线，横坐标为波长，单位纳米，纵坐标为光强。

光谱范围对植物生理影响

280～315纳米　对形态与生理过程影响很小

315～400纳米　叶绿素吸收较少，影响光周期效应，组织茎生长

400～520纳米　叶绿素与胡萝卜素吸收比例最大，对光合作用最明显

520～610纳米　色素吸收率不高

610～720纳米　对光合作用与光周期效应有显著影响

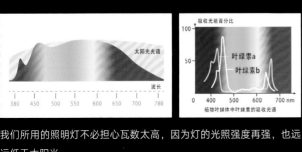

我们所用的照明灯不必担心瓦数太高，因为灯的光照强度再强，也远远低于太阳光

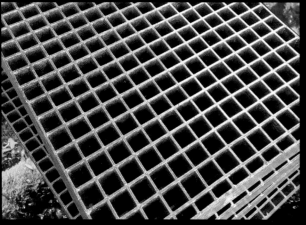

3. 介质层

位于假底上部植栽区域，是种植地面植物的土壤介质。由于雨林缸的密闭环境，相对湿度较高，因为种植介质不宜选用保水性过好的介质，比如泥炭、园土、腐叶土等。尽量选择颗粒介质，一般热带雨林植物需要透气无菌的环境，具有良好的排水性，市场上可以选择几种基质混搭的方法配置植物土，赤玉土、鹿沼土、珍珠岩、兰石等都是很好的热带雨林植物基质。另外，干水苔也是热带雨林植物非常喜欢的一种很简易好用的基质，配合珍珠岩等使用可以达到透气且保水护根的作用。

单一的土壤往往不能满足植物生长条件，可以选择20%小型颗粒土（泥碳土、腐叶土），50%中型颗粒土（珍珠岩、赤玉土、鹿沼土，水草泥），30%大型基质（椰糠、兰石、树皮、竹炭）进行配置。

泥炭土具有保水和促进根毛生长的作用。中型养殖土可根据植物的需求配土，比如酸性或碱性土壤的配比及成分会不一样，根据植物摄取养分的需要来选择。大型基质往往不保水，起到对土壤透气使根系更快生长的作用。如果植物比较幼小，建议选择水苔混合珍珠岩，组合进行发根和幼苗养护，成株后换成土壤养殖。

当然配置土壤仁者见仁，也要根据植物特征和当地地理环境进行调整。

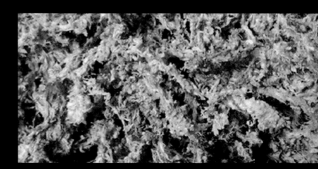

储水层

热带雨林里几乎每天都会降雨，水体是雨林最重要的组成部分，河流，小溪，沼泽，都是孕育生命的基础组成部分，在雨林缸制作中，储水层是雨林缸最基础的结构。这个结构我们一般称为"假底"，目的是为了"水土分离"。可以用火山岩、轻石、陶粒或者是格子板架空这部分水体空间。高度为2～5厘米，架空的高度就是水体的高度。假底的作用是容纳一部分水的存在，并且使陆地部分和这部分水不产生直接接触，可以用生化棉或纱网当作隔离层，避免上方土壤渗入储水层，以防止陆地部分的土壤介质含水量过高导致陆生植物根系因为水泡而烂根。假底中可以保留水分，如果热带雨林景观需要设计水体部分，可以用石材或者发泡剂进行前后隔离，也可以容纳喷淋或者雨淋设备下渗的多余水分，但不管是什么形式，水土分离是必须的。

雨林缸有一种特殊性，附生植物比较多。这些植物有很多起支撑作用和光合作用的粗大气生根，它们常常暴露在空气中，附着在岩石木头上，它们喜欢肌理粗糙且有一定保水的材质上，那么软木树皮、发泡剂雕刻的背景板都是附生植物很好的介质。为了实现更好的保水功能，我们可以在这些树皮背景板上附着植纤、椰土、水苔等介质让附生植物更好地生长。

4. 雨林缸制作实操

在设计雨林缸时，不仅要了解透视、意境、留白、指向性、明暗关系、焦点、平衡感、色彩构成等美学要素，也要把未来植栽的植物空间位置和基质铺设合理，这样才可以长久保持缸内植物的健康生长。

任何一个艺术作品都离不开美学要素，我们用设计手法去"欺骗"人的眼睛，这在艺术层面是经常运用的。

在设计制作雨林缸时会适用空间透视，这是为了在狭小的空间运用骨架结构和植物大小形态来"延伸"整体景观的纵深度。

艺术作品的留白也是东方美学常用的手法，在这里也会用到，通过做"减法"给作品留出一定的想象空间，增加作品的想象力。

另外，我们还可以运用石头木头或者植物的方向性来控制整体景观的平衡感和方向感，"指引"人们观察对象。

"黑白灰""点线面"的运用也是在每一个作品中不可缺少的部分。有明才有暗，"暗区"也是在设计中常常用来体现作品的深度和神秘感的一种设计表达手段，暗面的大小、位置、形状都决定了这个作品的层次感和意境。

任何作品都有一个中心思想，这个中心思想我们常常用的就是焦点透视原理，一个出众的焦点设计也是作品的灵魂，这个焦点位置极其重要，也直接表达了作者想要告诉大家的创意点。

"色彩构成"是雨林缸设计中十分特殊的又十分需要的设计元素。雨林是彩色的，季节变换、植物的花朵、植物生长不同阶段都会有各种各样的颜色，它们有对比色、相近色等色彩关系，在雨林缸设计中也是一种特殊的设计手法。

不管你的作品如何设计制作，都需要是一个稳重的构图和视觉上的平衡感，这个平衡感并不是对称的，可以运用黄金分割法则和"凹""凸""三角"构图按照自然原理进行平衡感的设计。

另外，更为重要的是，我们要运用热带雨林的植物景观层次来设计制作雨林缸。

层级特征与雨林缸

　　雨林缸的设计是多种多样的，不但要制作美观具有欣赏性的景观，还需要植物在缸体里长期存活，植物的种植位置尤其重要。它们在自然界生存在哪一些层，以什么方式生存，需要温度光照怎么样，这些也是需要了解雨林层级关系的。把地生兰附生在沉木上，需要弱光的蕨类种植在缸顶层等，这些都违背了热带雨林环境的层级关系。

运用重点：附生层

　　热带雨林的附生层，位于树冠层与幼树层之间，而在雨林缸中，这个位置一般设计在缸体的中上位置，这里光线适中，空气流通顺畅，湿度在缸中是最稳定的位置，所以在这里可以附生大量的植物，也往往是雨林缸中的黄金位。兰科、凤梨科、爬藤植物等都可以在这里以群生形态生长，这个位置也表现了雨林缸的植被多样性特征。

藤条的运用

　　进入热带雨林可以发现各种生长迅速的藤本植物，它们相互支撑相互缠绕，气生根从天而降，在树与树之间形成各种大网，有时附着苔藓，有时一些附生植物会在藤条上生长。

　　在雨林缸中也可以加入藤条元素，但需要注意符合自然规律的增加，一般藤条角度呈由上而下或"凹形"曲线，也可在其上附生苔藓、蕨类、兰科、凤梨等植物。由于藤条密度不高，容易出现腐烂断裂情况，尽量不要跨度太长，避免断裂。另外，藤条也不可以在水中应用。也可以用麻绳和玻璃胶做假藤，仿真藤条也可以使用，但无论如何，缠绕藤蔓时要符合自然规律。

如何表现幼树层和灌木层

缸内的幼树层和灌木层，这个区域大多存活着附生植物和藤本植物，以及部分苔藓和蕨类，所需要的光通量虽不及顶层的积水凤梨，但是也不可以光照太少，光照太少会影响植物生长，这是不可逆的。

要遵循热带雨林植物分层特征进行种植，这样也符合原生植物生存位置的客观规律，如果违背了这样的规律，往往造成植物生长状态不佳甚至死亡。凤梨科植物在雨林景观中需要强的光线，如果种植层不正确，会出现徒长或者颜色退化。兰科植物如果种植在顶层，离光源太近，太热，往往会出现死亡；一些阴生植物，苔藓蕨类则要种植至弱光面；层级中爬藤植物往往越往上爬植物叶片会更大，要考虑到后期叶片遮挡光线问题等。

凤梨科植物　藤本植物

附生兰　胡椒科植物
葡萄科植物　西番莲　蔓榕藤本植物

棕榈　姜科植物　蕨类植物　秋海棠　苔藓
野牡丹　竹芋　天南星科植物

食虫植物　秋海棠　苦苣苔　蕨类
地生兰　苔藓　爵床植物

如何表现地被层

在大自然中，热带雨林的顶层被茂密的树叶遮盖，地被层光线会变得阴暗，但我们可以选用的地面植物依然很多，常见的有食虫植物、蕨类、苦苣苔、苔藓等。在设计制作雨林缸时，地面植物不宜过高，因为雨林缸下部会受到顶部植物遮挡，光线比较暗。可选择的植物最好有一定的耐阴耐涝能力，如一些水草的挺水水上叶就很合适。种植时应按照布景的规则分前后景来种植，低矮的植物种在前面，高的植物种在后面，前低后高可以营造出大景深的效果。

⟳ 地被层生长着各种蕨类，苔藓，地生植物，因为受茂密的上层植物的遮挡，这部分植物很多对光照要求低，反而在弱光下会生长得更好，强光下会使叶片灼伤甚至死亡

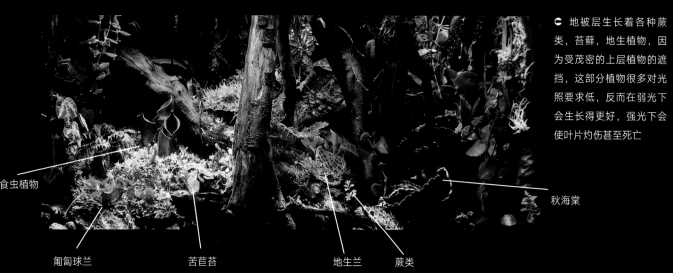

食虫植物　匍匐球兰　苦苣苔　地生兰　蕨类　秋海棠

雨林景观有个特点，在一个很小的区域经常会有几种植物形成小的群落，一小片地表会有几种或十几种植物生长在很小范围空间，如蕨类、地生兰、天南星植物、藤本植物、苔藓、菌类等。平时我们为了增加缸体雨林特点，会选择一些颜色形态比较夸张的植物，苦苣苔、秋海棠、蜂斗草等都是我们可以选择的小型热带植物，这也是热带雨林景观的特点之一，相互依存的小群落也是耐人寻味的。

如何设计背板层

附生植物是热带雨林的精髓。在雨林缸中一般会有高高矗立的背板以及各种沉木的枝杈来支持各种附生植物，这样雨林缸中的植物密度才会提高。一般可以选择的附生植物有苔藓、萝藦科、附生兰科、凤梨科以及各种附生类型植物，通过定时的喷淋系统来给这些植物补充水分。

雨林缸背景板的作用是要模拟大自然中远景的绿色，还可以承载附生植物，其实背景板也是设计中非常重要的组成部分，背景板的制作多种多样，可以使用软木树皮、植纤板、蛇木板、或者使用发泡剂DIY，也可以选择方便的成品PU背景板，切割成合适的尺寸放在缸中，尽量选择保水性强的背景板。背景板的肌理效果也可以通过人为手段进行设计创作。制作背景板时经常选择两种方法，可以用发泡剂塑形，涂抹上黑色玻璃胶，再撒上椰土或泥炭土固定；另一种是市场上买到带深颜色的发泡剂直接雕刻，露出内部蜂窝状孔隙即可。

制作背景板时，可参考大自然中山石肌理效果，明暗效果，透视关系等进行设计。

雨林缸背景板作为缸中最远处的设计，在空间中表现的是远景内容，按透视近大远小设计，最远的部分往往选择小型植物、苔藓或者附生植物。在自然界远处的事物往往是模糊的，景观设计中也不会强调最远的内容，所以除了一些背景肌理效果外，不建议植栽太多大叶型植物，否则会喧宾夺主。

背景板不仅可附着苔藓，还承载着小型附生植物、固定植物的用途。另外雨林缸中设计水流瀑布也要依托于背景板，可以用水泵和雾化器结合的手法营造出水体流动的效果，让整个雨林缸动静结合。

在雨林缸背景设计中，也可以运用留白打背景灯光的方法设计，和水草造景缸的背景光同理，可以使得景观更具有通透性，延伸性更强。由于很多喷淋的喷射距离有限，背景板上方植物往往喷不到，导致苔藓或者其他植物死亡，也可以用留白手法来设计上层背景，不在这个区域种植苔藓和其他植物

5. 雨林缸的养护

建缸初期

在建缸初期，植物往往根系尚未恢复，如果湿度不够就很容易造成植株脱水，严重的会造成不可逆转的后果，甚至死亡，一般情况下首次建立雨林缸时要维持缸内的高湿度。维持高湿度可以使用喷淋系统定时喷水，并且将缸顶封闭，配合通风装置养护。

建缸初期，光照应适当减弱。这个阶段的植物尚未恢复生理机能，所以如果照明全开既浪费资源，也会对恢复期的植物造成压力。比较恰当的做法是初期几天先使用全部照明的50%，每天照明时间4～5小时，然后用1～2周时间慢慢过渡到70%，每天照明6～8小时，在2周后恢复全光照，每天光照10～12小时。

生长阶段

新缸建完大约1个月后，大部分植物已经渐渐适应了缸内的环境，开始生长。这个可以把缸内的湿度降低到正常水平，适当增加通风时间，以防霉菌、细菌滋生。在这个阶段可以适当对某些植物进行修剪，移除死亡植物和枯枝烂叶。可以视情况给缸内植物喷一次叶面的薄肥，以氮和钾为主，促进营养生长。液肥浓度宜淡不宜浓，最好是正常使用浓度的一半，也可以使用多次施薄肥的方式。

日常维护

由于雨林缸采用了大量设备，比如喷淋，灯光，排风设备，所以建议使用定时器，甚至温湿度控制器来控制。这样可以节省大量日常维护的成本。基本上最大的维护工作在于定期擦拭缸壁，修剪过于茂盛的植物，以及喷淋设备的水源的补充上。喷淋设备使用去离子水，也就是RO水，这样做的原因是为了防止水垢。养动物的雨林缸，除了这些维护工作以外还有动物的喂食需要操作，以及定期清除碍眼的动物排泄物。

后记
Postscript

大自然是我们最好的老师

人类天生都是和自然亲密无间的，但如今，这种亲密无间正在渐渐消失。回忆起小时候，那时的我们，在树林间，小溪边玩耍，就跟原始森林中的原住民一样，没有现代社会的各种"神器"，自然是最好的依靠，也是最好的朋友。人们通过自然去感知世界，去感受时间和空间，大自然是他们的一切。

人类是可以和动物进行沟通的，比如我们养的猫猫狗狗，我们和它们玩耍的时候内心很愉悦，相互分享着自己的喜怒哀乐，这不是语言能描述的。我相信，植物也有语言，可以去感知，去交流，我们需要唤醒儿时与大自然的那种亲密无间的感觉，那种生命美学，我们一生向往！

植物与人类的关系，其实可以一直都那么亲密。人是地球生命的一员，而非地球的主宰，对于跟植物的沟通来说，我们其实在阅读整个自然界，这是有生命的语言，此本书的书名中的"会呼吸的艺术"，其实表达的也是人类和植物之间的这种体感与共的亲密关系。

一棵树、一条小溪、一座高山、一只小动物，当我们经过它们的时候，我们会把这个时间凝固下来，慢慢体会慢慢感受。同时，我们也可以感知到自然中的万物，也可以学到更多做人的道理。人与大自然是相互依赖的，人类需要大自然。人类只有尊重大自然，敬畏大自然，与大自然融为一体，以谦逊之心与万物相处，才能营造一个和谐的自然生态圈，才能用心造出更和谐的美景。

编辑手记
Editors' Notes

五年前，机缘巧合，王超老师的第一本稿子到了我的手中。拿到稿子，我快速通读了一遍后惊喜地发现，这稿子太有出版价值了！书中阐述的水草＋造景这个概念，既不同于一般的园林景观造景，也不同于虽使用同种容器，却以"养鱼"为主的水族箱的玩法。虽然这个造景领域早由日本的天野尚先生开创，并在一些国家开始流行，但在国内，这还是一个新的造景领域。甚至可以说，"水草造景"这四个字当时在国内都是一个新新组合。作为水草造景界多次获得国际大赛金奖的年轻大师，王超老师把自己多年的设计理念和实践汇集成了含金量饱满的书稿。那是他的第一本著作。

那本干货满满的稿子激起了我强烈的"创作欲"。编辑的创作不同于作者的创作，编辑的创作更像是为作品做一次"灵魂SPA"：通经脉（调整目录使之架构完善），顺骨骼（理顺逻辑使之理论体系完善），再把紧张的肌肉放松放松（使行文更流畅、表达更到位），然后，让作品变得"神清气爽"，让人读起来通体舒畅。我这么一说，是不是很有画面感？这就是编辑的工作。

终于，经过我和王超老师的共同努力，他的第一本著作《水草造景艺术：从入门到精通》于2015年8月面世了。这本著作没有辜负我和王超老师的共同努力，一上市就获得了水草造景爱好者的喜爱，到今年已重印9次，一直热销。

首部著作出版后，他的下一本著作以什么为主题？当我还在思索的时候，王超老师已经把目光投向了更广阔的大自然——神秘的热带雨林。

王老师常说，大自然是最好的老师，心中有自然，才能创造"大自然"。所以，他把最有生命力的热带雨林当成了创作源泉。几年间，他和几个志同道合的好友多次走进热带雨林寻找创作灵感和素材。他蹚过溪流，跨过倒下的枯木，他触摸湿润的苔藓，仰望由藤蔓和附生植物交织而成的"空中花园"；他在雾气氤氲的云雾林中穿行，他在静谧的苏拉威西岛上清澈见底的湖中泛舟，他和森林中的原住民交朋友……几年的亲身游历，他积累了大量的珍贵创作素材。这些来自大自然的第一手素材拓宽了他的创作思路，让他的作品更蓬勃更大气，更贴近大自然。从水草造景到热带雨林景观设计，五年终于磨成了一剑。这是全新的造景新领域，这是全新的视野。虽然这期间，我和王老师对稿件的框架及逻辑顺序经过了无数次的讨论与调整，虽然我的编辑笔迹有时在某些页面已密集到再也无处下笔，但当300多页稿件在我们的多次打磨下终于露出"王者"气质时，我们一下就释然了，因为这一切都值得。

这本书，既有大量可当做创作素材，能激发创作灵感的热带雨林动植物介绍和景观实图，也有精彩的作品实例解析；这不仅是视觉上的饕餮盛宴，也是献给从水草造景开始就一路追随他的粉丝们的诚意大礼。

这本书来自于神秘的大自然，它从热带雨林走来，是造景大师王超与热带雨林的坦诚对话，也是他对热带雨林景观设计这门造景艺术最酣畅淋漓的表达。希望读者读之有趣，读之有用。

此为记，写于本书即将付梓之际。

黄曦于北京

2020年12月16日

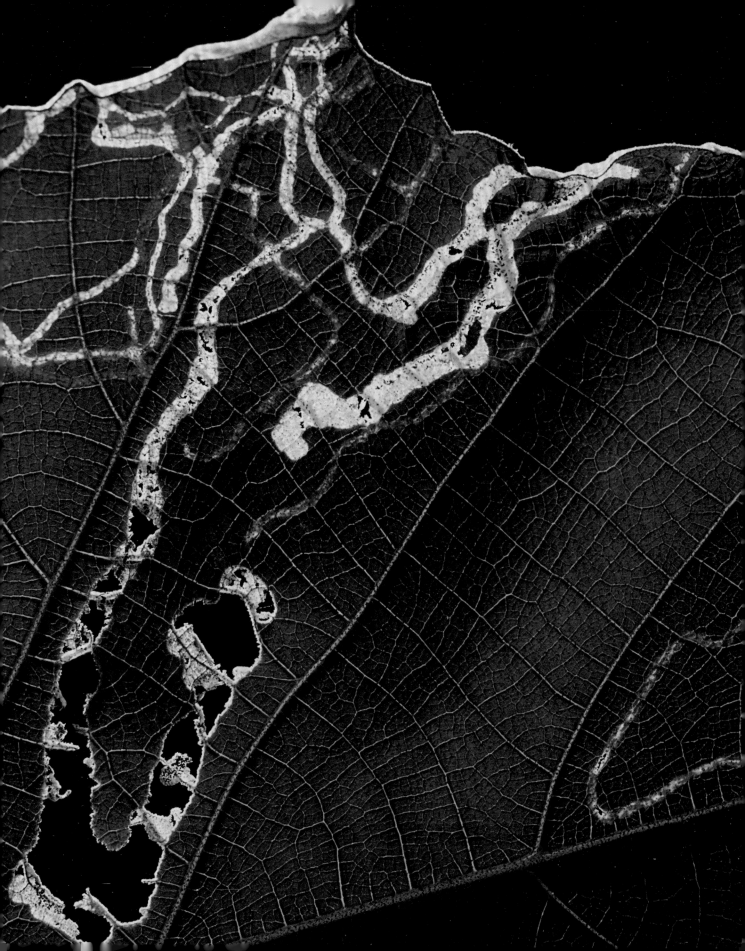